减法收纳

改变人生的整理术

一如 著

江苏凤凰美术出版社

前言 PREFACE

整理，是一项复利投资

到目前为止，我做的最不后悔的一件事是在 2015 年走上整理收纳这条路。2015 年之前，我过着按部就班的生活，所读大学和专业都是我大哥帮忙填报的，毕业后做专业对口的外贸工作，工作和生活于我而言就像我的物品一样，不喜欢也不讨厌，差不多就行。

自从遇到整理收纳师这份职业，我从被动变为主动，虽然曾被主管嘲笑帮人家收拾家没前途，但我依然坚定地做自己想做的整理工作。我主动分享整理收纳知识，主动管理情绪，转变思维方式，开始掌握自己的生活。

我意识到整理不单单是整理，它改变了我的生活和人生，让我更加热爱它们，热爱又会激发出更多的动力，它在正向循环。

本书的写作顺序也是我的整理顺序，从物品和空间开始，它们直接影响到内在，相互影响形成新的生活方式。整理后可能会发生的改变：

环境：家变得井然有序、干净清爽，让人感到舒适；节省空间，拥挤的地方变大、变开阔了，再也不怕乱；有客人临时来访，也能从容淡定地招呼好。

时间：不再重复做无效的家务，要用的东西很快就能找到，从琐碎繁杂的家事中省出更多时间去做想做的事情。

金钱：知道家里有什么、需要什么，能从物品中了解自己的消费模式，从而减少重复购买和冲动消费的次数，不买等于省钱。

除了以上这些，还能增加幸福感、价值感，家庭关系变得更加和谐等。说不定你也会成为整理收纳师，人生轨迹都改变了。

整理收纳就是这样，牵一发而动全身。开始整理，生活就会发生正向变化，所以它是一项复利投资，值得你去投资。希望看到这本书的你，通过整理，发现更加美好的生活方式！

一如

2023 年 10 月

目录 CONTENTS

第二部分 改变看不见的世界

第一部分
收纳看得见的物品

图片来源：易思维设计

第 1 章

整理收纳，
跟你想的不一样

01 做家务经验丰富，不等于会整理收纳

　　我妈妈做家务的年头，比我的年龄还长。她早上起来的第一件事就是扫地、拖地，拖把杆碰到桌脚，时不时会发出"哐哐哐"的声音。这种声音很刺耳，被吵醒以后，我感受到身体里有一股气，从丹田升起，封在喉咙，不能通过任何形式释放出来。地面上不明显的头发、灰尘、碎屑反而全部显现出来了。

　　很快客厅又传来"哗啦啦"拧毛巾的声音。毛巾到过的地方，灰飞尘走，电视柜一尘不染。从 2017 年我们住在一起到现在，我妈妈除了收拾做饭用到的东西，公共区域的东西她基本没再收拾过，因为她已经没有下手的机会了。她的房间成为她大显身手的地方，这几年她买的衣服比我多，但衣柜里还有衣龄跟我年龄差不多的衣服，只要没穿坏，衣服一直都在衣柜里。

　　我妈妈每天把晾干的衣服叠好，裤子配好上衣，整套搭配好叠放在一起。我曾尝试帮忙整理了一次，但没过多久又回到原来的状态。三十多年的习惯不好改，从那以后，我放弃了改变的念头，并设立了一个整理原则——不求不助。

我妈妈几十年如一日地叠衣服

　　除了衣服，瓶瓶罐罐整齐地排列在梳妆台上，日用杂物装在各种盒子、收纳篮里，哪里有空间就塞在哪里。用的东西从来不看生产日期和有效期，只要没用完就一直放着。进了她房间的东西，很难从里面被拿出来。有一次，妈妈想买收纳盒，在网络上看了一个多星期，终于满心欢喜地买了 3 个小抽屉，但买回来发现放不了太多东西，那 3 个抽屉在她书架上闲置了差不多 1 年。

　　我妈妈还有一个"好"习惯，无论在哪儿看到塑料袋，第一时间把袋子从头到尾抓成一条，卷起来打个结，再放到拿起来的地方，做到从哪里拿的就放回哪里。看起来我妈妈确实是一个勤劳、会收拾的人，作为女儿，有这样的妈妈我应该感到幸福，但作为整理师，我认为有些劳动付出是没有必要的。

　　很多人和我妈妈一样，有丰富的家务经验，日复一日、年复一年地重复着同样的工作。

　　为什么一直被琐碎的家务事缠绕，不断重复？

　　为什么做完家务后，生活没有发生积极的改变？

　　乱了立马收拾，东西多了就买收纳盒。明明付出了很多，结果却总是事与愿违。根本的原因在于收拾和整理大不同：

收拾和整理的区别

项目	目的	对象	工序	方法	工具	效果
收拾	把脏污变干净	灰尘、污渍	直接动手	个人习惯	清洁剂和用具	没有灰尘和污渍，看着干净
整理	把混乱变有序	空间、物品、人	了解居住者的实际需求和生活习惯—制定方案—执行方案—成果交付	有一套完整的流程	收纳用品	物品看得见、找得到、用得上；合理利用空间，装得下留下来的东西；改变人们的生活方式

　　如果你觉得家里需要除尘去污、减轻家务量，可以请保洁人员，或借助扫拖机器人、洗碗机等智能家电。大部分请我做整理服务的客户，家里长期请保洁人员，避免重复性家务劳动。尽管如此，客户依然需要整理收纳服务，解决家里乱的状况。

家里乱的四个常见原因：

①东西不分类，到处乱放。

②空间规划不合理，导致东西放不下、看不见、找不到。

③所用方法不合适，重复无效的方法。

④"我喜欢怎样的生活？""我喜欢和真正需要的东西是什么？""我理想中的家是什么样的？"对自己的需求不清晰，缺乏思考。

本节小结

1. 有丰富家务经验的人，重复同样的收拾方式，生活不一定会发生积极的改变。

2. 收拾和整理有很大的区别，收拾解决脏的问题，整理解决乱的问题。

3. 只有找到家里乱的真正原因，才能有针对性地、有效地解决问题。

02　重复无效的方法，做的是无用功

"整理完还会不会乱？"收拾 3 小时，弄乱 3 分钟，有种力不从心的感觉。对整理收纳心存疑虑，担心会重蹈覆辙，不愿意尝试，无心整理。没多久就乱了，是方向错了。在错的方向上是得不到对的结果的。

下面是四种常见的"无用功"，看看你中招几种：

收拾无用的东西

打开柜子一看，里面满满当当的，有用的东西和没用的东西混在一起，从不思考东西还能不能用、要不要用。实际上，有很多过期的、曾经需要但现在用不上的、万一要用可迟迟没用上的物品，占用了空间，浪费了你收拾的时间和精力。

空间是有限的，如果柜子里装满无用的物品，那么你真正喜欢和需要的东西就会放不下，甚至你和家人的生活空间也会被"抢占"。

直接"收纳"

孩子的玩具扔了一地，拿起来放进盒子里；台面上的东西又多又乱，从这一边挪到另一边，或者放进抽屉、柜子里。这个动作看似简单，带来的后果却很复杂，要用的东西看不见、找不到，努力收拾完，那边老公和孩子追着问："老婆，袜子在哪儿？""妈妈，玩具在哪里？"

当劳动成果致使另一种劳动的开始，日复一日地重复做，很容易耗费精力，让人感到厌倦和无力。

买收纳盒等于收纳做得好

东西多，家里乱，买收纳盒直接装起来，会出现下面四种状况：

①错误估算，把无用的东西也算进去，收纳盒买多、买错。
②要用的东西翻来翻去也找不到。
③方法不合适，重复无效的方法。
④收纳盒越多，家里的东西也就越多。

留意哪些地方过度收纳会造成不便、哪些地方需要收纳盒做辅助。可用可不用的，我建议不用。另外，收纳工具也是一种物品，会占用空间，需要定期清洗。时间长了，大多收纳盒就变成了闲置物品。

过度依赖收纳方法

在网络上点赞量最高的通常是叠衣服的视频，我也常常收到类似的留言："家里有10床被子，怎么叠？""这个地方好乱，如何收纳？"

整理前，与其花时间思考"怎么收纳"，不如往外迈一步，想想"为什么会出现眼前'乱'的问题"。比如，10床被子都真的需要吗？想明白了，或许"怎么收纳"就变得不太重要了。收纳的目的是让生活更加便捷，如果没有达成，则做的是无效收纳。

本节小结

1.努力付出却得不到自己想要的结果，是因为方向错了。只有选对方向，才会有对的结果。

2.收纳做了"无用功"，就要有意识地改变无效的方法。

3.收纳的目的是让生活变得更加方便。

03 整理收纳，有三个关键因素

如果认为单纯靠丢东西或买收纳盒就能做好收纳，那么你可能一直在做"无用功"。无论身在何处，都有三个因素存在——人、物和空间，有效的收纳整理是平衡好这三者之间的关系。

以人为本，始终是整理的核心

人主要指居住者。无论是空间还是物品，都是为人的生活服务的，你要主动、有意识地营造你和家人理想中的生活，空间和物品才能更好地帮你实现目标。你想要过怎样的生活？理想的生活场景是什么样的？搬进房子之前，你应该想过在里面生活的场景。

送孩子上学后享受独处的放松时刻

一种理想生活搭配着一种收纳方式。理想生活的实现跟人的行为习惯、思维方式和信念等有关。

（1）行为习惯

在餐桌上随手放一个东西，很快就会出现第 2 个、第 3 个、第 4 个……一旦你开始在家里随手乱放，乱扔的习惯很快就会被培养出来，从餐桌蔓延到餐边柜、厨房、客厅等地方，家也因此变得凌乱起来。

收拾好容易乱的原因是 东西在哪里用完，便放在哪里；而不是从哪里拿的，放回哪里。刻意练习"用完放回原位"，就算你之前做的是收拾而不是收纳，也能改变凌乱的局面。

每天早上起床后，直接去洗脸、刷牙，这个行为经过多年的重复练习变成习惯，不加思考就能完成。重复练习好的收纳行为，不用思考直接行动，你的生活也能发生改变。另外，根据行为习惯设定收纳方式，比如刷牙时，如果用左边顺手，就可以将牙刷、漱口杯放在水池左边，反之，亦然。

（2）思维方式

看到台面上堆满东西，便买个收纳盒，试图点对点地解决问题，这样会制造出更多问题。收纳盒短时间内解决了乱堆东西的状况，过不了多久，你会发现要用的东西找不到，以为家里没有了，再买新的回来，循环往复。

这是典型的点状思维，"头痛医头"，治标不治本。还有就是线性思维，东西太多，买收纳盒装起来就好。不可否认，合适的收纳盒解决了局部乱的问题，但整体情况容易被忽略，除了物品，还要考虑人和空间。

有效的整理收纳有一套完整的系统——考虑全局，包括人、空间和物品。从整体出发，局部的问题才更容易解决。家里有序的程度取决于你用哪种思维方式，低层次思维解决不了整体问题。

（3）信念

信念看不见、摸不到，不容易判断。在家仔细观察，透过物品的状态肯定找得到蛛丝马迹。

认为"我不够好"的人，往往将家里贵的东西放起来不用，哪怕有经济实力，也只买便宜的、质量次的东西。柜子里囤了一两年都用不完的东西；看见喜欢的东西就不停地买买买；别人有的自己也要有，想通过抓住物品来填补曾经的缺失。这都是低价值感和匮乏感在作祟。信念的形成跟成长经历有关，透过看得见的东西看到成长的轨迹，找到非理性信念的来源，通过整理外在的物品，主动寻求改变，获得内在成长。

利用空间，营造你和家人的"居心地"

空间作为人和物品的收纳容器，分为四个层级：房子、房间（功能区）、柜子和收纳用品。

（1）房子

房子是人生活的"博物馆"。你住过的房子承载了在居住期间发生的种种变化。从职场新人到精英、从单身到为人父母，所有的经历都被房子收藏。无论是买房还是租房，房子都是人、功能区和物品的收纳集成器，每个人都是自己生活方式的创造者和设计师。

需要怎样的空间？喜欢什么风格？有怎样的生活习惯？这些都是选房的决定因素，里面的布局、风格、光线等影响着居住者的生活质量和生活方式。选房是一件很有技巧的事，从收纳角度来看需要考虑以下三个问题：

①理想的家是什么样的？通过给房子命名来畅想一下美好的生活场景。这跟房子的户型、朝向有关。

②有哪些人住？是否考虑上学、上班的交通问题？这跟房子的位置、居住者的社会活动动线有关。

③满足哪些需求？比如居住时间、家庭成员构成、办公习惯等。这跟房子的布局有关。

（2）房间（功能区）

房子有不同的功能区，比如客厅、厨房、卧室等。房间代表着边界，不同的功能区代表着不同的生活场景，设立了独立空间和公共空间。同一屋檐下的家人，各自独立又是整体的一部分。每个房子不一定具备所有功能区，有些功能区可能会重叠。功能区规划要点如下：

①合理设定功能区。比如：谁使用哪个空间？做什么事情？用什么东西？安排就近收纳。

②尽可能给家庭成员安排专属区域，有独立行为能力的优先，边界清晰。

（3）柜子

柜子是物品的收纳场所，在不同的功能区里把物品就近收纳，比如在卧室衣柜里放衣服、在厨房橱柜里放餐具等。根据物品来规划柜子的内部格局和尺寸，最大化利用空间的同时，用空间的最大容量控制物品的上限数量。

柜子的款式、颜色影响了家的"颜值"，内部格局则决定了收纳容量。

（4）收纳用品

柜子是大件物品的集中地，但不能满足所有物品的收纳需求。收纳用品起到重要的辅助作用，将同一类的东西放到同一个或相邻的盒子里，方便取放，一目了然。这也是不同类别物品的空间边界。收纳用品有四种形态：点、线、面、体。

◆ **点状收纳**

指单个挂钩，哪里需要贴哪里。有粘贴式和磁吸式两种，巧妙利用墙面空间收纳常用的物品。其优点是方便取放，一个动作拿，一个动作放；其缺点是容易显得乱。建议选择透明半隐形的挂钩，以降低挂钩的存在感。

常见应用场所如下：

①浴室：挂沐浴球、毛巾。

②厨房：挂剪刀、小家电电线。

③入户门后：挂钥匙、口罩、包包。

④卧室门后：挂次净衣、包包。

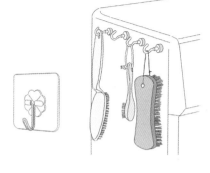

粘贴式挂钩　　　　磁吸式挂钩

◆ **线状收纳**

　　有排钩、挂杆组合和层板置物架，同样是利用纵向空间进行收纳。排钩和挂杆组合可用在墙上和柜子上，有打孔和免打孔两种，可以挂厨具、毛巾、清洁用具等。

　　层板置物架大多用在墙上，用来放调料、洗护用品等。也有展示型层板，多放在客厅、书房等处，增加收纳空间。款式多样，风格尽量和使用场所搭配。

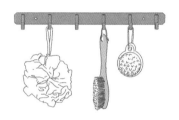

排钩

挂杆组合

层板置物架

◆ **面状收纳**

　　指柜子里的层板、台面、墙面等区域的收纳，分布在家中各个地方。层板收纳的关键点是"建高楼"，利用纵向空间，将规则的收纳盒或抽屉叠放起来；使用分层置物架，把格子分为两层，增加收纳空间。

　　台面上尽量不做收纳，留出空间保证正常功能的使用。墙面收纳还可使用洞洞板，把墙面灵活利用起来，配件也多种多样。

分层置物架

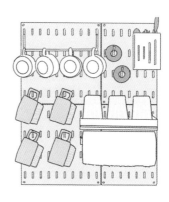

洞洞板组合

◆ **体状收纳**

　　特指深度在 10 ~ 15 cm 的超薄柜，由使用场所的实际尺寸决定。薄柜的收纳容量超乎想象，很多地方都可以用到。比如在 L 形厨房另一侧增加一组薄柜，厨房瞬间变成 U 形；也可以用在墙面上，收纳绘本、杂志等。

受限的空间，不妨利用起来做薄柜

定制薄柜　　　　　　　　成品薄柜

家庭空间的这四个维度，改造难度从大到小分别是：房子、房间（功能区）、柜子、收纳用品。很多人会从收纳用品入手，认为买收纳用品就能解决问题。实则不然，应该从最难的开始考虑，在不换房的情况下，优先考虑功能区的布局是否合理，其次是柜子的空间能否最大化利用，最后考虑收纳用品是否适用。

物品分类，做到详细管理

"物品太多太乱，无从下手整理"，把物品变成强大的"敌人"，还没动手就输了一半。无论物品以何种姿态来到家里，都是为了让我们的生活变得更加便利、舒适以及带来精神上的滋养。反之，物品会消耗你。

东西多，往往是数量多，是同一个类别的东西多，而不是种类多。乱的原因在于同一个类别的东西放在不同的地方，不同类别的东西混放在一个地方，因此做好物品的分类就能大大提升生活效率。

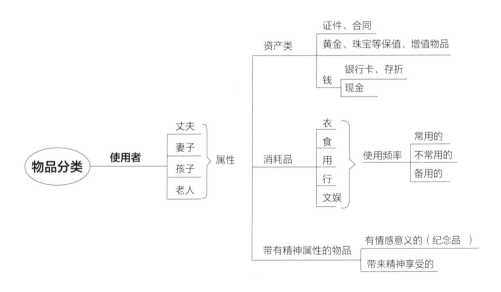

家庭物品分类

在家庭中，物品分类的第一原则是使用者，每个人的东西优先放在自己的空间，在公共区域使用的私人物品也区别开，再按照功能分类。第二原则是物品的价值属性，可以分为资产类、消耗品以及带有精神属性的物品。

（1）资产类

跟钱有直接或间接关系的物品或凭证统称为资产。凭证：购房合同、保险合同、房产证等。钱：银行卡、存折、现金。这类物品不需要花很多时间和精力收纳，统一保管即可。

（2）消耗品

家里有 90% 的物品都属于消耗品，难整理的往往也是这类物品。消耗品按功能分为五个大类：

常见的消耗品

类别	常见消耗品	可能出现的场所
衣	衣服、包包、帽子、首饰配件	卧室衣柜、化妆台、玄关柜
食	食物、烹饪工具、小家电	厨房、餐厅、客厅
用	日常用品、清洁用品	客厅、卫生间、阳台、储物间
行	行李箱、旅行用品、露营用品、儿童车	储物柜、玄关柜
文娱	书籍、文具、玩具、乐器、体育器材、健身用品	书房、儿童房、阳台

每个家庭的消耗品侧重的类别不同，有的衣服比较多，有的书籍比较多。同一种功能的物品按照使用频率又分为常用的、不常用的以及备用的。总之，无论哪种物品，尽量减少取放的动作，动作越少，越便捷。

按使用频率的分类

使用频率	简介	位置
常用	每天至少用一次的物品	收纳在可随手取放的位置，取放动作不要超过 3 个，比如将水杯放在餐桌上，拿起来、放下去
不常用	隔几天用一次或每个月用几次的物品	好看但不常用的物品摆放在平面上，不好看的可以放进柜子或抽屉里。取放动作控制在 5 个以内，比如将汤锅放在地柜里，打开柜门、蹲下、拿锅、站起来、关门
备用	用完需要替换的物品，不确定使用时间	替换速度快的物品，如清洁用品，放在方便取放的位置。半年甚至一年用一次的物品，放在柜子最上层

本节小结

1. 人是生活的中心，了解自己的行为习惯、思维方式和信念，从而找到适合的收纳方式。

2. 空间是人和物品的收纳容器，规划和合理利用每一个层级的空间，收纳会更加轻松。

3. 物品分类影响生活效率，按照使用者和属性区分，再根据使用频率安排收纳位置。

图片来源：易思维设计

第 2 章
流程方法，
告别反复"收乱"循环

01　做好规划，收纳事半功倍

打算把家里整理一下，先打开手机刷一轮视频，看别人都用了什么收纳盒；再打开购物 App，挑选博主同款，满怀期待地等待收纳盒的到来，把买收纳盒作为开始整理的仪式。

收到快递，撸起袖子，重复同样的收拾方法，把台面上、柜子里的东西塞到盒子里，结果发现盒子放不进柜子里，收拾完也没有博主家的效果好。根本的原因在于整理的工序乱了，把买收纳盒当成整理的开始；另外，跟风买同款，需要收纳的东西不一样，使用习惯不同，在博主家用得好的收纳盒，在自己家却"水土不服"。

正确的整理流程是：规划—整理—维护。整理前先规划，整理后需要维护。如果收纳有捷径，那么空间规划是效率最高的。在空间使用层面上，很多人根据平时的经验和想象来安排，哪怕是没有经过思考的经验也会被延续使用。空间规划有四个步骤。

第一步：想象理想的生活

用纸和笔写下你理想的生活，如果和家人同住，可以邀请家人一起参与"头脑风暴"，不仅可以了解家人对家的想法，也能增进感情。三毛曾在给读者的回信里写了这段话：

"如果我住在你所谓的'斗室'里，第一件会做的事情，就是布置我的房间。我会将房间粉刷成明朗的白色，给自己在窗上做上一幅美丽的窗帘，在床头放一个普通的小收音机，在墙角做一个书架，给灯泡换一个温暖而温馨的灯罩……

我的小房间既然那么美丽，也许偶尔可以请朋友来坐坐，谈谈各自的生活和梦想。慢慢地，我不再自卑了，我勇于接触善良而有品德的人群，我会发觉，原来大家都很平凡——可是优美，正如自己一样。我更会发觉，原来一个美丽的生活，并不需要太多的金钱便可以达到。"

写完试着给画面命名，想一个能打动你的名字，比如"喜舍"，脑海里立马出现了画面，愉悦感从心底升起，想到就很想回的家。

第二步：拆解理想的生活

把画面的组成元素分类列出来。上面的画面可以拆解为：

理想的生活 = 理想的关系 + 做开心的事情 + 理想的空间 + 喜欢和需要的物品

理想的关系：可以到家里聊天的善良而有品德的朋友、不自卑的自己。

做开心的事情：在家里和朋友谈生活和梦想。

理想的空间：房间是白色的，墙角有书架。

喜欢和需要的物品：窗上有美丽的窗帘，床头有普通的小型收音机。

第三步：迁移到家里各个区域

将家里的布局规划写出来，比如：每个区域有哪些家庭成员？他们会做什么事情？空间中有什么东西？——写下来，剩下的地方也重复同样的步骤。以一家四口人为例，可以参考下表：

家庭空间规划表

区域	人	活动	储物空间	物品
主卧	夫妻俩、小宝	睡觉、换衣服	衣柜	床品、衣服
次卧	大宝	睡觉、换衣服、学习	衣柜、储物柜、书桌	床品、衣服、书籍、文具
客厅	四口人	看电视，喝茶，小宝玩玩具、看绘本、玩游戏	书柜、实木大长桌	电视机、茶具、零食、绘本、玩具
阳台	夫妻俩	洗烘衣服、休闲放松	家政柜	洗衣机、烘干机、休闲桌椅

写完后认真检查，确保每一位家庭成员都有自己的专属区域。比如婴儿物品的收纳区、孩子的娱乐学习区、成人阅读的角落、老人休息的地方等。每个人都有与自己相处、不被打扰的地方，相信他们会从那里得到滋养。

第四步：制订整理计划

把第三步梳理出来的内容再拆解到每个区域。准备放什么东西？计划用多长时间？可以参考下方计划表：

我的整理计划（一周整理一个房间）

区域	收纳对象
进门处	落地衣帽架上挂的衣服和包包
衣柜	我喜欢的衣服
床头陈列	孩子的手工画作
床头柜	睡前用的身体乳和护手霜
床上	柔软的"四件套"、蚕丝被
床下储物箱	换季的衣服、被子
书桌办公区	电脑、常看的书籍、文具
宝贝玩具区	少即是多，将旧的玩具收起来，并拍照

根据左面的步骤做好规划和制订整理计划，将一幅画拆解成拼图，一块一块地完成拼图，也就是整理完成的时刻。记住空间是为人和物品服务的。你的理想生活是什么样的？想在房子里做什么事情？需要用怎样的物品？考虑好再把物品分配到空间里。

本节小结

1. 正确的整理流程——整理前先规划，整理后需维护。

2. 空间规划有利于提高收纳效率，不用不经思考的经验解决真实的收纳问题。

3. 按照空间规划的四个步骤，打造理想的生活空间。

02　整理物品，五个步骤不要少

整理有五个步骤，可以简单地用五个字来概括：空、类、减、归、舍。

第一步：空，即清空

把同类物品从收纳空间里拿出来，集中放在一起。做这一步有四个目的：

①掌握物品的数量。大部分的女性朋友都觉得自己的衣柜里少一件衣服。当你把衣服放在一起时，就会发现并不是少一件衣服，而是拥有一座"衣服山"。

②了解空间。还原空间原本的样子，弄清楚它的状态，比如：能不能继续使用？格局能否满足收纳需求？

③"新陈代谢"。我见过 20 多年没有清理过的衣柜，把衣服拿出来后，隔着口罩都闻得到霉味。把东西掏出来，给空间换气，空气流通顺畅了，心情也会舒畅。

④空间清洁。我们平时通常不会清洁柜子，借着清空的机会，为你留下来的"宠妃们"打造一个舒适的家。

第二步：类，即分类

首先，按照物品的归属人分类，将每个人的物品分开收纳，先把自己的所有物品都收纳好，再协助家庭成员进行收纳。其次，按照物品的大类进行分类，比如衣服、书、厨房用品、客厅日常用品等，将这些大类再分成中类，比如功能、颜色、材质等，后面再分成小类。

衣服分类

大类	中类	小类
衣服	裤子（功能）	休闲裤、牛仔裤、运动裤、睡裤、打底裤
	短外套（功能）	牛仔衫、西服、夹克、皮衣、短羽绒服
	季节	春、夏、秋、冬
	材质	棉、麻、雪纺、牛仔、真丝、皮质

　　将同类物品集中收纳。物品分类的好处在于：不需要每天靠记忆去找要用的东西，记忆不如系统可靠。分类收纳，可以简化找东西的流程和节省精力。烘焙用具全部放在橱柜右边，下次要用直接去那里找，用完及时归位，方便下次使用。另外，将同一个类别的东西放在一个地方，避免找不到东西而重复购买，也提醒自己及时补充。

第三步：减，即减少

　　收纳和减重是相通的，吃健康的食物，身材通常会相对苗条。只收纳有用的东西，家里也不会凌乱不堪。

　　之前我爸爸来广州，每天都做很多好吃的"投喂"我们。他做饭有两个特点：分量大、油腻。在一个多月的时间里我足足重了 10 斤。原来的裤子穿不下，裙子也变紧了，吃进肚子的食物变成了囤积的脂肪。后来我刻意调整饮食，尽量少油少糖、不吃外卖、少食多餐，把我爸喂重的 10 斤基本减掉了。其实，身体不需要那么多食物，家里也不需要那么多东西。

　　我有个减肥的小诀窍，就是把大的餐盘换成小的，容器小了，菜的分量自然也会减少。吃得少，胃也跟着变小，之后稍微吃多一些，胃就会发出信号："再吃我就撑了。"

　　整理时总是想着"这个东西还能用，我先留着""这个东西以后会用得上的""等瘦了 10 斤再穿"……这是以物品为中心的思考模式，认为东西还能用所以留着，而不是我需要、我喜欢所以留着。

　　"万一有用，丢了怎么办？"试着默念这句话，有什么感受？是不是有点底气不足？

不妨转换思维模式，把以物品为中心的思考模式转换成以"我"为中心，物品来到我身边，是为我所用的，因为我需要、我喜欢，所以才会出现在我家。

默念"即使没有这个东西，我也可以找到解决办法"，有什么感受？当感到对未来不可控时，一下子就没了底气，但你认为自己可以、有办法的时候，就会变得豁然开朗、从容淡定。说过的话、用过的东西带来情绪反应，这些情绪作用在身体上，身体会记住这份感受。不舒服的感受让人越来越收缩，愉悦的感受则会让人越来越舒展。以下是做减法收纳的五条参考：

①是正在使用的物品吗？有多久没用了？下一次准备什么时候用？

②使用起来是否舒心？身体层面：使用时有没有感到不适？使用后身体是否不舒服？感受层面：使用这个东西是否开心？

③是否喜欢？包括材质、款式、手感、颜色、功能等。

④能否让生活变得更好？这个东西能否带来帮助，让生活变得更有效率？

⑤是否适合现在的自己？不同的人生阶段用到的物品不一样，以满足当下的生活需求为首要前提。

第四步：归，即归家

收纳的方法有很多，不同场景、不同物品的收纳方式不同。通用的三个方法是竖立收纳、黄金收纳和"二八"原则。

（1）竖立收纳

将衣柜里的衣服、橱柜里的"干货"堆放在一起，看不见、找不到，不方便使用，东西也容易被忽略，导致过期、变质，或造成重复购买。超市里大多数货品都是立起来的，物品之间相互独立，方便拿取。

将这种方式运用到家里，尽可能把东西立着收纳，可以自身竖立或通过辅助收纳工具实现竖立。

超市里的竖立收纳

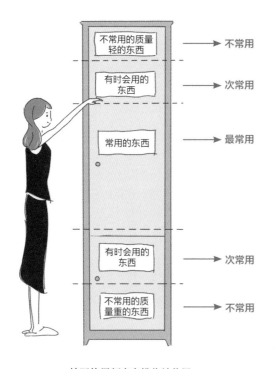

按照使用频率安排收纳位置

（2）黄金收纳

根据使用的频率将物品收纳在不同的区域。立体空间分为上、中、下三个区域，抽屉分为里面和外面两个部分。

◆ 立体空间

立体空间的黄金区域是人体身高舒适区，最高是手臂抬起来不需要垫脚就能够到的地方，最低是不需要弯曲膝盖就可以拿到的地方，收纳常用物品，方便拿取。

上部储藏区：借用工具才能拿放东西的区域，收纳不常用的、换季的、过量的东西。

下部储藏区：收纳当季不常用的东西，使用频率比较低，但比放在最上面的物品使用频率高。

衣柜、书柜、橱柜、杂物柜等立体空间，都可以按照上述顺序收纳。

◆ 抽屉

抽屉的黄金区是拉开抽屉首先看到的部分，将常用的东西放在前面，不常用的东西放在后面。这样一眼就能看到自己想要的东西，不用完全拉开。

（3）"二八"原则

把衣柜塞得满满的，看起来衣服很多，但总找不到自己想穿的那件，新买回来的很喜欢的衣服又没有地方放。书柜里装满书，但看书的时间却寥寥无几。柜子里面不必全放满，试着留白。

茶几、餐桌、办公桌、厨房操作台是有特别用途的，而不是用来收纳的。收纳最多只能占20%，留白约占80%。台面上没有多余的物品，减少干扰因素，更加容易集中精力和清洁。

第五步：舍，即舍弃

挑选出来不要的物品，有七种处理方式：用、改、送、捐、丢、卖、藏。

①用：还能使用的，先试着用起来。

②改：用作他途，比如用纸箱做收纳盒，将不用的杯垫做盆栽底盘等。

③送：能正常使用但自己用不上、别人可能用得上的物品，可以送人，发在朋友圈是个挺不错的办法。

④捐：捐给当地的机构或其他渠道，确保渠道可靠再处理。

⑤丢：不能用、不会再用的物品，直接丢掉。

⑥卖：将闲置物品放到二手物品销售平台上售卖。

⑦藏：将不想丢掉、用不上的物品藏起来。

无论采用哪种方式，在和它们告别、送出家门的时候，好好感谢它们曾经的陪伴和见证，感谢它们让自己重新思考当下的生活。

本节小结

1. 整理的五个步骤：空、类、减、归、舍。

2. 分类和筛选两个步骤可以适当结合，在能快速判断和做决定的情况下，分类的同时做筛选，决定留下的物品仍需要分类。

3. 结合使用者的身体状况安排收纳高度，特别是老人和小孩。

小专栏

如何选择收纳用品？

"一如，有没有好用的收纳用品？链接发我一下。"每次看到类似的信息，我心里就会咯噔一下。不了解对方的收纳情况，随手发，有点不负责；不发，对方可能感觉不舒服。

信任是一种很好的能力，博主推荐的收纳用品到手后，发现自己用起来不顺手。网红收纳"神器"不仅不实用，用起来还麻烦，浪费时间和空间。你和博主的生活方式、收纳需求不同，就算买了同款，也达不到同样的收纳效果。可以这样选购：

◎**统一款式**

如果变整齐有捷径，那么首先建议统一收纳工具，比如款式、颜色、风格等，家里立马看起来整齐舒适。

◎**方正**

房子和柜子多数都是方正的，收纳用品也一样，方正才是空间最大化利用的诀窍。正方形或长方形的收纳用品都可以，方便竖立收纳。

◎**简单**

所谓的收纳"神器"基本上都是在原有功能上复杂化。结构复杂，使用步骤也复杂，华而不实，越简单反而越高效。

03　巩固成果，刻意维护新秩序

将所有留下来的东西都固定位置并收纳好，不要的东西也送出了家门，收纳的终点到了，但整理没有结束。整理之后是维护，巩固自己的劳动成果。

用完归位

整理完不是不会乱，而是不怕乱。整理以后，留下来的东西有固定的收纳位置，归位变得简单，只需要把用完的东西及时放回原来的位置即可。

想把东西收纳好，但不知道往哪里收。就像车位，如果没有买固定车位，就只能哪里有位置停哪里。但买了车位，无论从哪个门进，都能停到固定的位置上。归位是为下一次使用做准备。出门回来把包里的东西放回原位，下一次用的时候，它们将以最好的状态为你服务。

拆包装，把同类物品集中收纳

新买的东西，第一时间把纸箱、快递盒、快递袋拆掉，这三样包装都很占空间，不利于辨别里面的东西。除了外包装，原有的包装也要拆掉，包装大多是花里胡哨的，有不同的材质、颜色、尺寸等，信息太多也是看起来乱的原因之一。

拆完包装以后，把同一类物品集中放在一起，比如把洗衣液放到清洁用品的地方，把数据线放到收纳电子产品的抽屉里。特别是小朋友的文具、手工材料，集中放在一起，弄清楚有哪些、有多少。另外，化零为整，只要记住这类东西放在哪里，用的时候只需要到这个地方拿取就可以，省钱又省时间。

将新旧物品统一放在一起。很多人买了新的餐具，包装都不舍得拆，更舍不得拿出来用，总想着等旧的坏了，再用新的。这样一来，容易多买，因为不在眼前的东西，大多数时候会觉得没买过，对于心心念念的东西总是想买。

新旧东西放在一起，还有一个好处：容易做决定，决定留下来还是丢掉。质量好的和质量不好的，用起来舒服的和用起来不舒服的，"是骡子是马拉出来遛遛"，有对比更容易做出选择。

适度囤货，不过度购买

经过一轮收纳，你很清楚自己家里有多少东西，各个收纳空间的容量，以及从舍弃的物品里看到花了哪些冤枉钱。仔细观察和记录日常刚需用品的使用时间，比如：多久吃完一包 5 斤装的大米？多久用完一卷纸巾？根据消耗量来采购。在买之前先问问自己："真的需要吗？需要多少？""买回来放哪里，能放得下吗？""什么时候用？"

得到肯定的答案后再买。找到家里用品的"适量"数值，适度囤货，有利于减少采购物品所需的时间和精力，也不会增加打理的工作量。

本节小结

1. 整理之后的维护必不可少，巩固劳动成果的同时，维持新的秩序。

2. 新买回来的东西，最好的迎接方式是打开包装，跟同类物品放在一起。

3. 根据日常的消耗量，结合收纳空间的容量，适度囤积日用品。

04 整理原则，让你少走弯路、少踩坑

先规划后整理

动手整理之前先规划。规划涉及空间的布局、生活动线的梳理、使用物品的频率和分类、收纳用品的款式等，一环扣一环，最终影响生活质量和生活方式。

我刚开始学整理的时候，没有规划的概念。以原有的大件家具为定点，按照"空、类、减、归、舍"五个步骤整理，改变了收纳方式，比之前更加容易取放，可总感觉有点不舒适，也不舒展。

请看下面这张图片，规划之前（左图）的房间很拥挤，处处不方便。衣柜里的衣服分类收纳，衣物有固定的位置，看起来井井有条，可拿放衣服时，衣柜门不能完全打开，需要关上一扇门，才能打开另一扇门。书桌摆放在床尾，加一张凳子的话空间不够用，坐在床上又不舒服，严重影响办公和学习的效率。

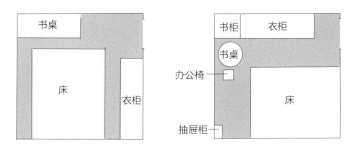

规划前和规划后的房间

规划之后（上页右图），确定在房间里需要做的事情有睡觉、换衣服、工作、学习，因此除了原来的床、衣柜和书桌，还需要增加一个书柜和放杂物的抽屉柜。我做了一个动作：改变家具的位置。变动床和衣柜的位置，将原来的长条书桌改为可移动的圆桌，增加了书柜、办公椅和抽屉柜，整个房间也不显得拥挤。衣柜与床之间的距离适当，方便打开柜门，还能舒展地坐在桌子前学习。

同一个房间规划前和规划后，有截然不同的效果。带着规划的思维去思考，整理才高效。

先整理后收纳

收纳的对象是你决定留下来的东西，而不是柜子里现有的东西。那些没有用、不会再用的东西，不值得你专门花钱买收纳盒回来，再花费时间和力气放进盒子，最后被藏在柜子里浪费空间。

把所有东西拿出来分类、筛选，你才能清楚每个类别的东西还有多少、需要多少收纳空间，再去买合适的收纳盒。你可能会有疑问："那我整理好了，没有盒子收纳怎么办？"

不妨打开柜子看看有没有其他盒子，比如手机盒、礼品盒、纸袋等，先用这些过渡，等整理好了，再统一购买，不仅省空间，还省钱。另外，收纳用品无论放进柜子里还是摆放在台面上，都是被收纳的对象。

买收纳盒之前还要确定盒子放在哪里，收纳方式和场所决定了收纳盒的款式，款式比数量更影响收纳的效率。

尊重每个家庭成员的生活习惯

整理的目的不是为了丢东西，也不是为了改变家人，而是借由整理把你对家人的爱和想法表达出来。我提出过疑问：对你来说整理最大的障碍是什么？你第一时间想到了什么？听到过这样的答案："老公""爸妈""婆婆"。

"老公比较乱，不配合整理，很痛苦！"

"爸妈很多东西都不舍得丢。"

"丢出去的东西，婆婆又捡回来，感觉很烦躁！"

这三句话表达了一个意思：家人没有按照我的期待做事情，我感觉不舒服。延伸出两个问题：他们为什么不做？为什么不愿意按照你的期待去做？

你认为整理很重要，不见得伴侣也有同样的想法；你觉得要丢东西，父母觉得每一件东西都有用。没有对错，只有不同。他们和你有着不同的成长经历、教育背景、生活环境，这影响了他们的生活方式、对待物品的方式。你能做的是尊重他们跟你不同的生活方式和对整理有不同的想法。

先整理后影响，整理你自己的"一亩三分地"，丢掉不想要的东西。通过整理，以你的日常生活状态来影响家人。当你尊重和允许他们不整理、不丢东西的时候，改变才会发生。

本节小结

1. 规划等于先搭框架再填细节，这样才能让整理更加顺利，避免做无用功。

2. 收纳之前，先把东西拿出来分类、筛选，只收纳有用的东西。

3. 改变家人不是整理的目的，让家人幸福才是，两者的路径截然不同。

图片来源：易思维设计

第 3 章

生活空间，
收纳你的理想之家

01 衣柜，打造不易复乱的空间

在我过往的整理案例中，衣柜收纳是大部分家庭的整理难点和排在第一位的整理需求。先来看一下你家衣柜里有没有这三种情况：

①买了很多收纳工具，仍感觉衣柜里很乱。收纳工具多是乱的原因之一，它们本身也是物品，需要占用收纳空间。

②层板多，且又高又深，衣服叠放得满满的。

③衣柜内部格局不合理。大多数衣柜层板被塞得满满当当，挂衣服的地方不够用，多宝格、裤架、全身镜浪费空间，成本高且不实用。

除了以上常见问题，还有一堆问题："整理没多久就又乱了""衣柜小，衣服多，放不下""分区不合理""挂起来的衣服总是滑落下来"……这些问题跟空间规划、整理方法、收纳工具有关，都可以在本节找到解决思路。

带着需求设计衣柜格局

（1）是挂衣服还是叠衣服？

衣服主要的收纳方式有挂和叠，两者的优缺点对比见下表：

凌乱的衣柜

挂衣服和叠衣服的优缺点对比

方式	优点	缺点
挂	一目了然，方便取放，折痕少，节省时间	衣服可能会鼓包；衣架选不对的话，衣服容易滑落；挂得太满，不容易取放
叠	体积小	费时间，容易乱，有褶皱，耗体力

基于两者的优缺点来决定是挂衣服还是叠衣服。我所有的衣服都是挂起来的，也建议大家优选挂衣服，这样更省时间。将衣服挂起来，每天打开衣柜，看着所有衣服整整齐齐地排列在它们的"寝宫"里，这个时候我就是要宠幸它们的"女王"了。

（2）衣柜的六个功能区

◆**储物区（高 380 mm）**

在衣柜的顶层，收纳换季衣服、不常用的床品，以及其他使用频率比较低的衣物。

◆**短衣区（高 955 mm）**

主要用来挂一年四季的短衣，比如上衣、裤子、半裙、短裙等，其中挂裤子的高度可设为 750 ~ 850 mm。

◆**中长衣区（高 1310 mm）**

收纳衣长达膝盖以上的中长衣。

◆**长衣区（高 1520 mm）**

收纳连衣裙、大衣等长衣。

◆**抽屉区（高 200 mm）**

收纳折叠的衣服、内衣裤、袜子和其他小件衣物。

◆**层板区（由物品高度决定）**

收纳包包、替换下的"四件套"、冬季要穿的羊绒毛衣等。

这六个功能区中短衣区、中长衣区、长衣区都是用来挂衣服的，抽屉区和层板区可收纳折叠的衣服。功能区的尺寸可根据衣柜实际高度、衣物以及收纳工具的尺寸进行调整。

无论是装修新房还是准备整理现有的衣柜，都可以根据自己喜欢的收纳方式来玩一个"拼图游戏"。把你需要的功能区当成拼图组件，一个个地拼起来，变成实用的、满足收纳需求的衣柜。

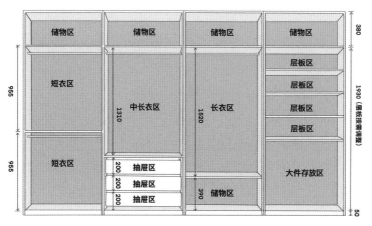

衣柜内部格局

（3）衣柜格局组合参考

◆短衣区组合

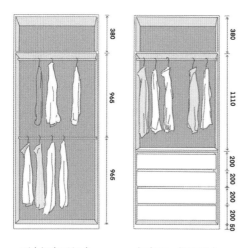

两个短衣区组合　　　短衣区＋抽屉组合

注：本书手绘图上的尺寸除注明外，均以毫米（mm）为单位。本节衣柜整体的高度设定为2400 mm，层板的厚度设定为20 mm，踢脚板的高度设定为50 mm。

◆中长衣区组合

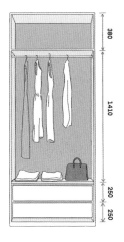
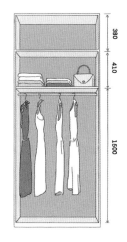
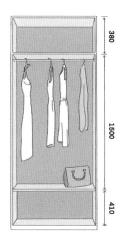

长衣区 + 抽屉组合　　　　储物区 + 长衣区组合　　　　长衣区 + 储物区组合

◆层板 + 抽屉组合

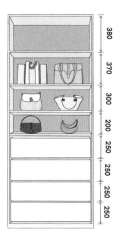

层板 + 抽屉组合

◆ 其他格局

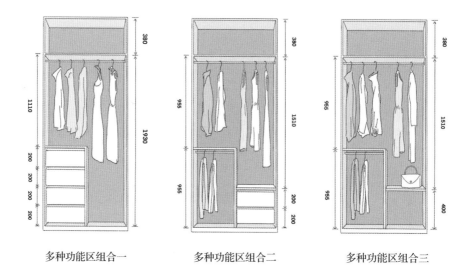

多种功能区组合一　　　　多种功能区组合二　　　　多种功能区组合三

特别说明：

①尽量把衣柜做到顶，既可以挡灰，又能增加储物空间。

②衣柜里不一定都有这六个功能区，根据自己的实际收纳需求来设计即可。如果你的连衣裙比较多，则不需要短衣区；如果你基本都是短衣服的话，也不需要长衣区。

③不建议在层板区收纳大量折叠的衣服。如果实在想利用层板收纳折叠的衣服，可以通过添置抽屉式收纳盒，把层板变成抽屉，取放更方便。

衣柜整理的五个步骤

第一步：清空

将所有衣服集中在一起，除了阳台上正在晾晒的衣服。你会发现"原来我有这么多衣服"。总感觉没有衣服穿，结果衣服的数量比想象中的还多 2 ～ 3 倍。对自己的衣服有一个直观的了解，顺便把衣柜也清洁一下，给你的"宠妃们"准备一个舒适的家。

一座"衣服小山"

第二步：分类

先把衣服按照季节分类，再按功能、款式、颜色和材质分类，分得越详细，对衣服的数量掌握得越清晰。下面分类供参考：

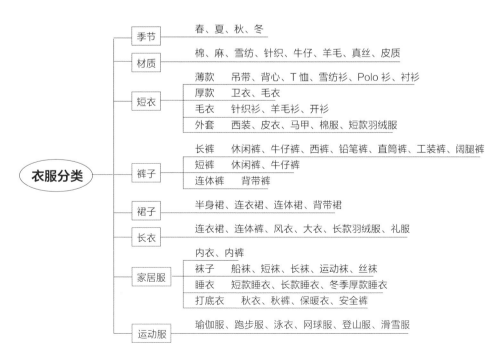

衣服分类

还可以按照使用频率和喜欢程度来分类。喜欢且常穿的衣服可以单独拿出来。常穿但不怎么喜欢的，比如家居服，经常一两套换着穿。不喜欢但实用，试着继续穿，什么时候不想穿了或找到了替代衣服，就可以把它舍弃。很喜欢但不常穿的，这一类衣服可能是有纪念意义或者适合出席特殊场合，要妥善收纳。不常穿又不喜欢的衣服，舍弃或送给别人。

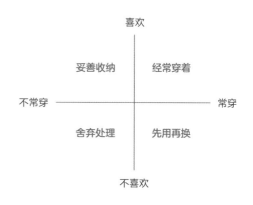

按穿着频率和喜好分类

第三步：减少

起初衣柜里没有很多衣服，处于不拥挤的状态，就如右图中少女苗条的身材。随着时间的变化，不停地买衣服，可能是冲动时买的，也可能是打折的时候买的，或者心情好的时候买的，衣服越来越多。空间是有限的，衣服的数量不断增加，慢慢地变成了臃肿的状态，就如左图中的身材，身体摄入了过多高脂肪、高热量、高糖分的食物。

减肥的关键是减脂，把多余的脂肪燃烧掉，减肥成功后需要持续摄入健康、低脂的食物来保持身材。整理也一样，把那些不需要、不适合的东西扔掉，再添置喜欢、需要、合适的。五个筛选衣服的方向供参考：

臃肿的身材和苗条的身材

①尺寸是否合适？孩子会长高，成人的身材会变样。现阶段的衣服能否穿得下？是宽松还是紧身，是短了还是长了？用尺寸判断是最直观简单的方法。

②穿着频率。衣服一年之内有没有穿过？定一个心理上能接受的时间范围来判断衣服的去留。

③是否舒适？衣服的材质是否舒适？款式和颜色是否让你的外在看起来更加出彩？穿上这件衣服是否让你感到放松？

④是否适合现阶段的自己？每个人的年龄、身份角色会随着时间的变化而变化，那么衣服有没有匹配这些变化呢？学生装和职场装是不匹配的，不同场合对服饰的要求也不一样。

⑤是否喜欢？衣服的风格、样式你是否喜欢？当我穿上自己喜欢的衣服时，有种走路带风的感觉，一下子就自信起来。就算不穿，光是挂在衣柜里，看见它们就很开心。

初次整理衣柜，参考以上五个方向筛选衣服。不要求一下做到极简，也很难一次整理到位，需要过程和时间，这个阶段了解自己的衣服种类和数量更为关键。

第四步：归家

归家也就是收纳，有三个收纳原则。

◆按人分区

每个家庭成员的衣物都要有专属收纳区。很多妈妈习惯把自己的被子、换季的衣服放到孩子、老人的衣柜里，也有家庭成员共用一个衣柜的情况，将衣服混放在一起。对伴侣来说，使用极度不方便。另外，空间边界混乱的背后是内心的投射，可能是控制、依赖。

对孩子来说，这样不利于他管理自己的空间和衣服，他会学习大人的行为，觉得别人的空间是可以随意侵犯的。对老人来说，会缺乏安全感、归属感，有一种不被尊重的感觉。因此为每个人设定一个收纳空间，不随意把自己的衣物放到其他地方，也不擅自丢掉其他有独立能力的家庭成员的衣服。

◆**分区收纳**

储物区：收纳过季衣服、床上用品和其他不常用的衣物。

挂衣区：短衣区、中长衣区、长衣区分别挂不同长度的衣服。

抽屉区：收纳折叠类衣服、内衣裤、袜子等。

层板区：放包包、替换的床上用品和你需要放的衣物。

◆**分类收纳**

将每一类衣服集中收纳在一起，会对衣服的数量掌握得更加清晰，如右图，将男士和女士的衣服分开，把每个人同类别的衣服放在一起。

收纳后的衣柜

第五步：舍弃

把选出来不需要的衣服处理掉，有六种处理方法：

①丢：变形的、磨损的、品相不好的、不能再穿的衣物直接放到垃圾桶。

②穿：不喜欢又经常穿的衣服，继续穿起来。

③送：品相好还能穿的，送给有需要的人，发朋友圈是个不错的方法。

④改造：手巧的朋友可以把衣服变成其他的用途，网络上有很多教程。

⑤卖：有偿回收闲置衣物，品牌类衣服也可二手售卖。

⑥捐：找到可靠的渠道，把衣服捐给有需要的人。

小专栏

闲置物品售卖、捐赠平台

平台	APP/小程序	免费上门	数量	收获	回收品类
捂碳星球	小程序	是	5 kg 起	0.5 元 /kg	四季衣服、围巾、成对鞋子、包包、帽子、窗帘
爱裹	小程序	是	5 kg 起	0.5 元 /kg	所有品类，比如旧衣服、鞋子、包包、床单被罩、毛绒玩具等
多抓鱼	小程序	是	3 件起	现金（估价）	限定品牌衣服，会估价（开放部分城市）
飞蚂蚁	小程序 / 生活号	是	3 kg 起	森林能量	上衣、裤子、鞋子、包包、帽子、床单、毛绒玩具
白鲸鱼	小程序 / 生活号	是	5 kg 起	能量、礼物、爱心捐赠	四季衣服、鞋子、包包、床单被罩、毛绒玩具
噢啦回收	APP/ 小程序	是	5 kg 起	噢啦豆、公益礼品	上衣、裤子、鞋子、包包、帽子、书包
转转	小程序	是	5 kg 起	公益证书、礼品	衣服、鞋子、包包、床单、毛绒玩具

注：以上信息搜集于 2022 年 12 月 6 日。

衣物的收纳方法和常用好物推荐

衣物分为当季和过季两大类，将当季的衣服收纳在衣柜陈列区，换季衣物主要收纳在储物区。如果衣柜空间足够使用，也可实现不换季收纳。

（1）当季衣物收纳

有两种收纳方式：挂和叠。前面分析过挂衣服和叠衣服的优缺点，接下来看看具体的操作方法。

◆**挂衣服的优先级和衣架的使用**

衣服的收纳原则是能挂不叠。如果有必须挂的衣服，那么它们的优先顺序如下：

①有特定场合和职业需要的衣服，比如衬衫、西服、西裤、演出服、礼服。

②特殊材质的衣服，比如真丝、蚕丝、皮衣、皮裤。

③容易褶皱的衣服，比如麻料衣服。

④材质硬挺不容易折叠的衣服，比如牛仔外套。

衣架影响了收纳容量、取放衣服的便利度、衣服的形状和衣柜的"颜值"。加宽衣架会占用更多空间，减少了可挂衣服的数量。对于铁丝和塑料衣架，衣服的肩膀容易起"将军肩"，且容易滑落。使用不同的颜色、不同的材质、不同的形状的衣架，是衣柜看起来乱的原因之一。基于以上原因，选择衣架的要点如下：

①防滑，防脱落。

②薄款，省空间。

③贴合肩位，不伤衣物。

④挂钩厚度小，灵活。

符合以上优点的衣架有：植绒衣架和防滑无痕衣架。这两种衣架都不错，选用质量好的，可以用很久，因此值得购买。

一个西装衣架比四个植绒衣架还占空间

◆领口小的上衣的挂法

从衣服下摆往领口套入衣架，有效防止衣架把领口撑大、人为拉扯变形的情况。拿取衣服时，从下摆松出衣架，保护领口不变形。

领口小的上衣的挂法

◆带纽扣和带拉链上衣的挂法

衣服挂好后，扣上第二颗和倒数第二颗纽扣，避免衣服敞开，也避免在取放其他衣服的时候，把衣服带出来或者使其滑落，看起来更加整齐美观。带拉链的衣服挂好之后，将拉链拉上 2/3，原因同上。

带纽扣的上衣和带拉链的上衣的挂法

◆裤子的挂法

裤子有两种挂法，分别是直接悬挂和对折悬挂。直接悬挂是用衣架把裤子挂起来，这种挂法操作简单，取放方便。裤腰不怕变形的裤子用植绒衣架，西裤、西裙、皮裤用裤夹，能起到保护裤型的作用。

对折挂裤子用植绒衣架或鹅形衣架，同一条裤子植绒衣架需要 80 cm 的高度，鹅形衣架只要 70 cm 的高度，留意挂裤子的衣柜高度。

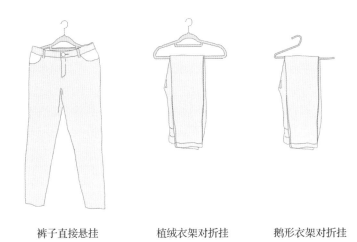

裤子直接悬挂　　　　　植绒衣架对折挂　　　　鹅形衣架对折挂

◆ **挂衣服的原则**

长度从长到短，颜色由深到浅，统一衣服的正面朝向，统一衣架。

1.0 版本：未整理过的衣柜，有不同款式、材质和颜色的衣架，衣服混着挂。

2.0 版本：衣服分类，同类的挂在一起，颜色有过渡变化。衣架也做了分类，衣服、衣架和 1.0 版本的一样，但看起来更加舒服和整齐。

3.0 版本：在 2.0 版本的基础上，更换了植绒衣架，衣柜整齐有序。

1.0 版本　　　　　　　2.0 版本　　　　　　　3.0 版本

◆叠衣服的工具

叠衣服的工具

工具	简介	图示
衣柜自带的抽屉、拉篮	叠放衣服的"神器"，可以轻松拿到里面的衣物	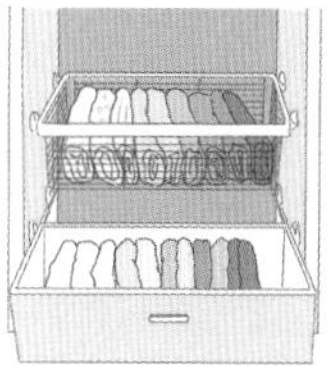
额外购买的PP抽屉	购买前量好柜体尺寸，避开衣柜铰链占用的空间。如果有推拉门，则要考虑打开门时是否会挡住抽屉	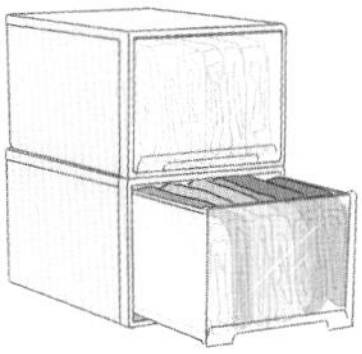
斗柜	起到空间扩容的作用，增加衣物的收纳空间，好看的斗柜本身也是装饰品	
衣柜自带的层板	适合衣服不多的情况，不需要额外增加抽屉，直接把层板当成收纳场所	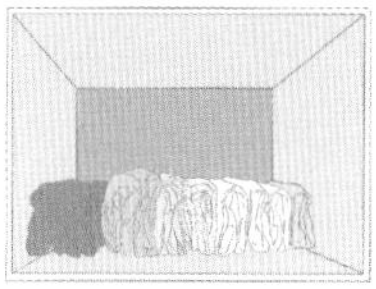
分隔盒	主要收纳小件物品，比如围巾、丝巾、袜子、内裤、红领巾等	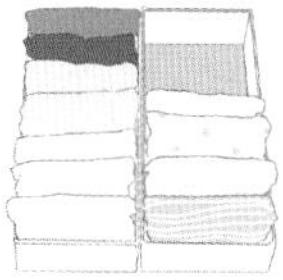

特别说明：

①抽屉越多，意味着需要折叠的衣服越多。

②已经做好的衣柜，通过重新规划来满足收纳需求。

◆适合折叠的衣服和具体折叠步骤

裤子类：牛仔裤、休闲裤、运动裤。

上衣：棉质 T 恤、毛衣、打底衣、棉质吊带、背心。

家居服：睡衣。

贴身衣物：内裤、袜子。

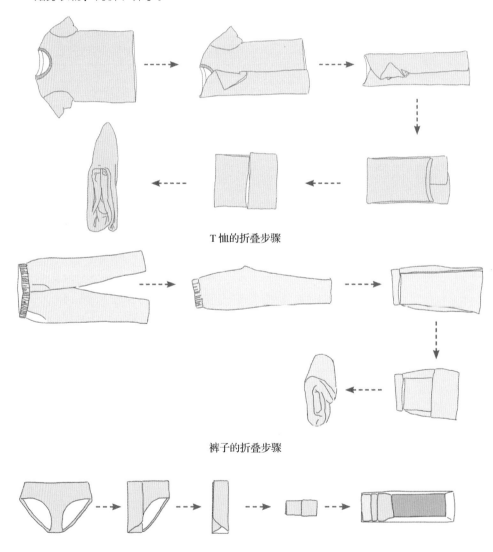

T 恤的折叠步骤

裤子的折叠步骤

内裤的折叠步骤

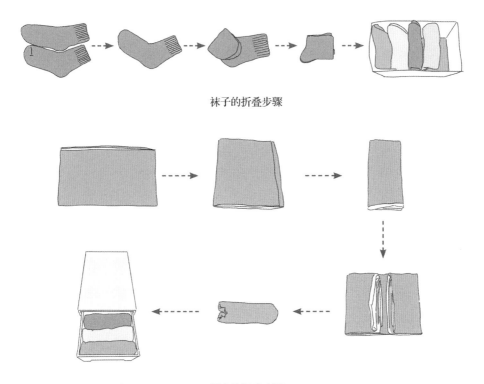

袜子的折叠步骤

围巾的折叠步骤

（2）过季衣物收纳

◆过季物品的收纳工具

推荐使用百纳箱，一个 66 L 的百纳箱可以装下 100 多件夏天的 T 恤，或者 8 ~ 10 件冬天的羽绒服。市面上有很多款式的百纳箱，参考如下：

①统一选纯色，耐看，降低视觉噪声。

②常用材质：牛津布和棉麻。

③推荐尺寸：66 L（50 cm×40 cm×33 cm）、55 L（50 cm×40 cm×28 cm）。

④留意箱内四面支撑的钢架，钢架越粗、数量越多，承重性和稳定性就越好。

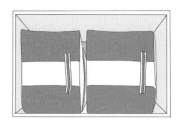

棕色百纳箱

◆过季衣服的收纳

　　把衣服收进百纳箱之前，提前做好分类。每个家庭成员的衣物最好用不同的箱子，方便识别和查找。同一个人不同类别的衣服可以放在一个箱子里。收纳装箱时，衣服按照箱子的大小平铺进去，把两边的袖子摆整齐即可。同一个类别的衣服深颜色的放在下面、浅颜色的放在上面。

◆过季被子的收纳

　　通常被子的长边有一个水洗标，被子的收纳通过做数学题就很容易解决。百纳箱和被子的尺寸是固定的，百纳箱的长度是 50 cm，如果被子的尺寸是 2 m×2.2 m，在叠被子时，带有水洗标的一边不动，将 2 m 长的短边对折两次，变成约为 0.5 m×2.2 m 的长条，卷起来收进百纳箱即可。

　　床上用品"四件套"也是一样的，先把被套折好，然后是床单或床笠，最后是枕套。用被套包住全部，可以减少收纳动作。

本节小结

　　1.挖掘自己的收纳需求，在现有的基础上，把衣柜改造成满足需求的格局。

　　2.合适的收纳用品不仅节省空间，也保护衣物。

　　3.衣服款式、颜色等能反映一个人的内心，尝试从衣服中看到自己。

02 书房，告别知识焦虑

书柜整理

很多家庭里书柜是一个独特的存在，多个角落里都有书的影子，比如储物柜、床头柜、茶几、沙发等处，甚至大人的书也放在儿童房的书柜里。而书房则堆满杂物，拿书之前，要先把杂物挪走，看书变成了一件麻烦的事，阅读的兴趣久而久之也会减弱。

有些人买书比看书的兴致高，搞促销的时候买，看到别人有也跟着买。买回去的很多书包装都没有拆，原封不动地"躺"在书柜里。也舍不得丢，觉得每一本以后都会看。这种想法我很熟悉，2015 年到 2019 年间，我总觉得自己这不会、那要学，对图书促销活动没有一点抵抗力，买回来的书看不完就放在柜子里。

还有一个常见问题：书柜每层都是固定高度，不同类别的书籍和纸质资料尺寸有差异。固定尺寸导致部分空间被浪费，有的书放不下，有的空间有赘余。

（1）常见的书籍尺寸

常见的书籍尺寸

类型	尺寸	代表书籍
大 64 开	105 mm × 148 mm	学生词典
大 32 开	140 mm × 210 mm	文学著作、理论类书籍
16 开	185 mm × 260 mm	教材、绘本
大 16 开（A4）	210 mm × 297 mm	科技类书籍、百科类书籍、精装绘本
文件夹	250 mm × 330 mm	纸质资料、绘本
8 开	260 mm × 375 mm	画册、艺术类作品

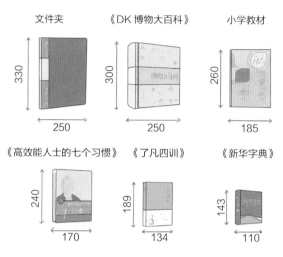

文件夹和书籍的尺寸

（2）书柜尺寸参考

整体高度：定制柜多数为顶天立地款式，即地面到天花板的高度，其他高度在选购或定制时，可根据实际需求设定。

深度：25 cm，收纳普通 32 开、16 开的书籍，以及文件夹；孩子的绘本和艺术类、画册、书法作品等，深度以 28 ～ 35 cm 为宜。

层板高度：25 cm，放得下大多数书籍；如果绘本、文件较多，则可以预留一层 35 cm 高的层板，或根据实际数量设计。

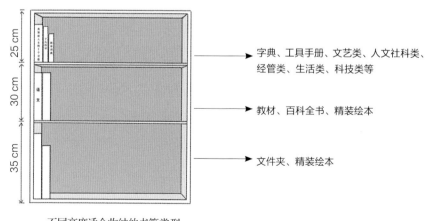

不同高度适合收纳的书籍类型

（3）书柜的样式

◆定制书柜

一面墙都是顶天立地书柜，多出现在书房、客厅。有些家庭把客厅当成全家人学习、娱乐的空间，用书柜代替传统的电视柜，打造学习型家庭氛围，不仅可以培养孩子的学习能力和习惯，还能增进家人之间的情感。

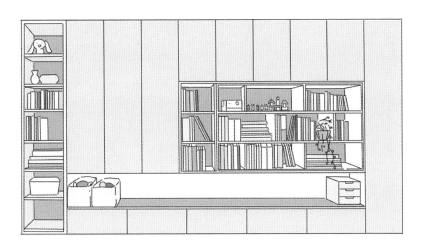

定制书柜

◆成品书柜

成品书柜有多种类型，比如高的、矮的、带层板的等，相对定制柜来说，更灵活，还能根据实际需求进行组合。其缺点是：层板的高度固定，部分柜子无法调整高度。先盘点你有多少本书籍，需要多少收纳空间，再决定书柜的样式。建议购买经典款式的书柜，后续若需要增加柜体，方便买到同款或同系列的，以做到统一。

不同类型的成品书柜

◆ **书柜、书桌一体化**

　　多出现在书房、阳台，由书柜和书桌组成，干净利落，功能多样，既满足了收纳需求，又增加了工作、学习区域，充分利用每一寸空间。设计上可以增加抽屉，用来放办公用品、学习用品、数据线等零碎物件，就近取放，提升效率。

　　还要提前考虑插座的位置、数量和款式，这与使用的电子产品有关，比如电脑、手机、打印机等，根据需求来安排插座。

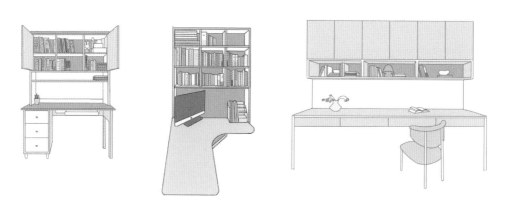

书柜、书桌一体化

（4）书籍整理的五个步骤

◆**第一步：清空**

尽可能腾出一个空旷的区域，方便后续分类，清晰掌握所有书籍的类别和数量。把书柜里的书全部拿出来，书的数量会超出你的想象，书放在柜子里不容易被觉察，你甚至不知道每一类书有多少本，且有多久没有看了。

◆**第二步：分类**

首先，按照所属人分类，父母的书籍不要和孩子的混在一起。其次，按照类别分开，成人书籍分类大致如下：

①文艺：小说、文学、传记、艺术、古诗词等。

②教育：考试、外语、教材等。

③人文社科：历史、哲学、宗教、法律、心理学、社会科学等。

④经管：管理、经济、投资理财、股票、金融、市场销售等。

⑤生活：家居整理收纳、家庭关系、亲子教育、美食养生类等。

⑥科技：计算机网络、科普读物、医学、工业技术等。

童书分类参考如下：

①0—2岁：图画故事、认知、益智游戏、纸板书、童谣等。

②3—6岁：绘本、科普百科、少儿英语、益智游戏、玩具书等。

③7—10岁：教材资料、文学、古诗词、卡通漫画、童话、励志成长等。

④11—14岁：教材资料、文学、古诗词、科普百科、童话、卡通漫画、励志成长等。

在分类过程中，你可能会产生困惑：这本书到底属于哪一类？暂时把这本书单独放到旁边，先进行下一本书的分类，说不定过一会儿你就看到同类书了，有了一个新的分类。不要卡顿在一本书上，或者趁机打开翻翻，有可能那些书就在那里"躺平"了，你也沉浸在书里，耽误整理进度。类别不确定的书等到所有书都分好后，重新分类，跟已经有的类别合并或者单独作为一个类别。

◆ **第三步：减少**

这一步骤有两个重点：留和流。你希望留下来哪些书？准备把哪些书流通出去？留下来的书通常有下面几类：

①珍藏类书籍和套装书。有珍藏版本、值得反复阅读的经典书籍。

②正在阅读的书籍。

③在阅读计划里的书籍。

④丰富精神世界的书籍。读起来精神上有共鸣、对提升能力和解决问题有帮助，从而让你内在发生正向改变的书籍。

流通出去的书包括：

①有时效性，已经过期的书籍。比如杂志、期刊或学习类有周期的刊物。

②以前需要但现在不需要的书籍。之前参加考试或学习某项技能买回来的参考书，考完试了，这些书籍已经在你这里完成了它们的使命。

③不会再读的书籍。确定不会再翻看的书。

◆**第四步：收纳**

有四个收纳原则：

①个人分区。全家人共用一个书柜，给每位成员一个固定的收纳区。例如右图左边的书架为父母的，右边书架是孩子的。按照图书馆借书的方式，每个人有自己的借书证，把书拿出来和放回去都要出示借书证登记，很有仪式感。

②分区收纳。把常看的书放在方便取放的高度，将不常看的书放在书柜上面或下面。右图中孩子常看的书在最右边的书架上，不常看的在中间的书架上。

③分类收纳。只需要把同类的书集中放到书架上即可。

④平面收纳。关乎书柜收纳后的"颜值"，把书都放进书柜后再做调整，书脊在同一条直线上，尽可能齐平，将小尺寸的书往外推，好看的同时，避免层板前面露出杂物。

书柜的收纳

◆ 第五步：舍弃

把不需要的书流通出去，我亲自测验过下面三种方法：

①多抓鱼。部分二手书籍有偿回收，有小程序、公众号和 App 等。直接扫图书背面的条形码，就能看到估价。如果价格在你的接受范围内，扫码后可以直接预约，快递免费上门回收。平台收到书后会审核和检查，流程走完后可提现或者在多抓鱼上购买二手书。

②社交平台。我在微信群和朋友圈都送过书，很快就被领走了，快递费由领取人承担。接收方有了想要的书，自己也更轻松，这个方法很多人都能接受。

③捐到图书馆。提前联系图书馆，了解对方需要什么类别的书，再进行下一步捐赠。

◆ 整理后的维护

书柜里的书是流动的，不是一成不变的，书籍的流动速度也代表着自我的成长速度。因此在固定时间里维持书柜的"外表"和"内在"至关重要。

"外表"的维持可以是一个星期或一个月一次，将没来得及归位的书籍和文件资料放回原位。"内在"的维持为一个季度比较合适，将看完的书籍每一个季度进行一次大盘点和清理，从阅读区转移到完成区，甚至回到流通里去。

先列清单，再购买书籍，一年之中有几次书籍的大型促销活动，人们很容易陷入购书冲动。按照自己的真实需求购买，避免囤书；有电子书不买纸质书。我有个习惯，买书之前先看看是否有电子书，如果有则先看电子书，很吸引我的或者值得反复看的，再买纸质书。这样一来，减少了很多书籍数量，且易于管理。

书桌整理

（1）书桌整理常见的问题

◆用桌面做收纳

跟学习、工作无关的东西摆放得太多，占了桌面的大部分地方。无论成人还是孩子，桌面干扰因素太多，都容易造成注意力不集中。桌面是用来办公、学习的，不是用来收纳的。

◆东西混乱摆放

学习、工作用品和生活用品、装饰品混在一起，要用的东西找不到，降低效率。

◆电子产品多

各种充电线在桌面上占了很多空间，桌面显得杂乱无章。整理书桌之前，先根据使用人确定书桌的功能和需要收纳的用品，可以参考下表：

书桌的功能和所收纳物品

使用人	主要功能	主要用品	辅助用品
丈夫	工作、玩游戏	电脑	耳机、键盘、鼠标
妻子	居家办公	电脑、手机、平板电脑、笔记本、笔、打印机	硬盘、U 盘、充电线、标签机、手机支架、文件夹、订书机、便利贴、燕尾夹等
孩子	学习、阅读	课本、辅导资料、作业本、扩展阅读书籍、文具、台灯	铅笔、签字笔、橡皮擦、修正液、便利贴、削笔机、桌面清洁器、计时器等

（2）书桌整理的五个步骤

如果书柜、书桌一体，书籍整理请参考上述内容，这部分指的是除书籍以外的用品。

◆第一步：清空

如果书桌的使用人是孩子，各位家长请深呼吸三次，先调整状态，再开始动手，把所有东西集中放在一起，小件物品可能会有很多，而且比较琐碎。

◆第二步：分类

主要有四类：纸质资料、电子产品、文具和装饰品。

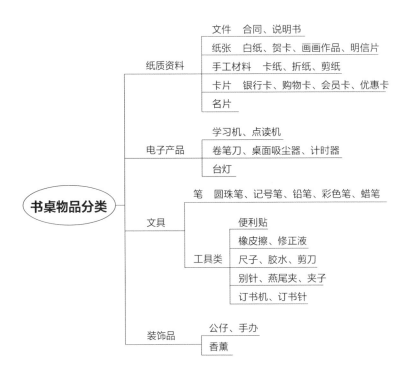

书桌物品分类

◆ **第三步：筛选**

①纸质资料。留下各类重要的合同、家庭成员的医疗档案、需要记账或待报销的票据、有纪念意义的景点门票等，其他的文档和资料可转化成电子档保存。

②电子产品。留下满足使用需求的，淘汰闲置至少一年以上的，处理前先清理个人资料。

③文具。淘汰坏的、不好用的笔。有一段时间我有很多纸质笔记本，但是有些没写完就放在了一边。如果是喜欢的本子，那么我会用来当草稿纸随手写，不喜欢的本子抹去重要的文字内容，撕碎纸张，这个动作还挺解压。

④装饰品。原则上不建议在书桌上摆放装饰品，但实际上有很多人习惯放上一些玩偶、摆件、植物等，尽量把装饰品数量控制在总物品的 20% 以内，多余的部分挪到其他地方即可，轮流摆放也是个不错的方法。

◆**第四步：收纳**

书桌收纳的目的是拥有舒适和专注的高效空间，而不是单纯地把东西摆整齐。书桌收纳分为桌面收纳、墙上收纳以及桌下收纳。

桌面收纳：为了保证工作、学习效率，桌面上尽可能不要收纳物品。优先把上面表格里的主要用品放在"黄金三角区"——坐在书桌前伸手能够到的地方。除了主要用品，其他东西尽量不要放在桌面上，80% 的留白有利于集中注意力。

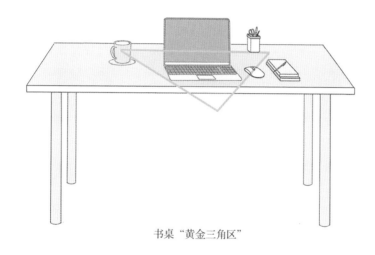

书桌"黄金三角区"

墙上收纳：靠墙的一边，利用收纳工具增加收纳空间。有两种常见方法：一是使用抽屉、分层置物架等；二是使用洞洞板，根据收纳需求来安排。

①抽屉：占用桌面面积，多个抽屉组合摆放，增加收纳空间，做到有效分类收纳，并且防尘。

②分层置物架：将墙面"分层"，有上墙置物架和成品分层架，扩展桌面空间。

③洞洞板：有收纳和装饰的作用，适合物品不多的情况，收纳使用频率高、"颜值"高的物品。

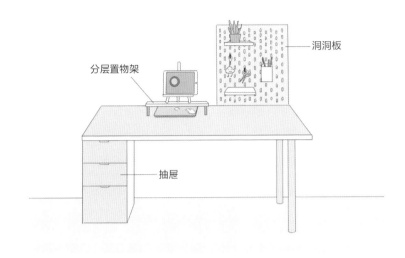

用洞洞板和分层置物架增加书桌收纳空间

桌下收纳：以抽屉为主，主要指书桌自带的抽屉或者额外增加的桌下抽屉，将零碎又常用的辅助用品分类收纳。

◆ **第五步：舍弃**

不喜欢但是还能用的笔和本可以送人，将其他不能再用的、已经坏了的、用完的东西直接丢到垃圾桶，对于电子产品可考虑二手处理或回收置换。

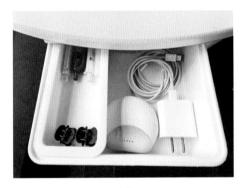

桌下抽屉

本节小结

1. 筛选书籍时，不要花太多时间翻阅内容来决定去留，决定不了的先放一边，以免耽误整理进程。

2. 根据看书习惯进行收纳，常看的书就近收纳在阅读的地方。

3. 书桌桌面上尽可能不要收纳物品，抽屉做好分类收纳。

03 儿童房，给孩子一个有趣又有用的成长空间

"再不把玩具收起来，我就去拿扫把！"

"能不能快点，昨晚就叫你收好书包，老是忘东忘西的！"

"你自己好好想想，用完放哪里了？"

有没有熟悉的感觉？孩子总是把玩具乱丢一通，常常丢三落四，好不容易磨蹭够了，临出门才发现忘带东西了。对于这些烦人的情景，大人们大都是一边唠叨，一边跟在后面收拾，用简单粗暴的方式来解决。

有位妈妈得意地跟我分享：孩子以前不爱收拾，自从她把玩具丢了一次以后，孩子再也不敢不收拾了。我的心里出现了一个声音："孩子心理受到的伤害，来自直接粗暴又擅作主张的父母（父母可能有着同样的经历）。"

父母眼里没用的、不贵的玩具，对孩子来说可能意义重大。孩子会感到难过、无助，在你强他弱的阶段，除了带着恐惧妥协，他们暂时没有更多办法来应对这种简单粗暴。实际上，如果希望孩子有条理地收拾、管理好自己的东西，父母需要做的是以身作则。父母或抚养人是孩子的第一任以及影响最深远的生活老师，不要想着把这件事情完全托付给学校。当然，除了以身作则，还需要打造一个孩子易于操作的、动态的成长型环境。

用三角模型了解孩子的收纳需求

之前提到过整理的三个因素：人、空间和物品。孩子在不同的成长阶段，对空间和物品的需求也不同，特别是 0—10 岁的孩子。

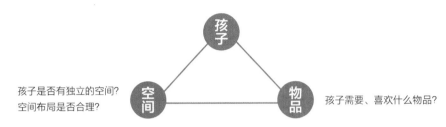

现阶段孩子有哪些生活习惯？
家长和孩子的空间有什么关联？

孩子是否有独立的空间？
空间布局是否合理？

孩子需要、喜欢什么物品？

儿童空间整理的三个因素

动手之前，先梳理孩子现阶段以及未来 3 ~ 5 年的需求。比如：孩子现在处在哪个年龄段？在家里进行哪些活动，以及有哪些习惯？是否需要独立的房间？收纳空间安排得是否合理？布局是否有利于孩子活动？孩子需要和喜欢什么东西？以下表为例，将你家孩子的实际情况写在表格上，做到心中有数。

梳理孩子的需求

年龄段	日常活动	活动空间	物品	收纳空间
0—1 岁	睡觉、喝奶、学走路	父母房间、客厅	婴儿衣物、护理用品、喂养用品、安抚用品、早教玩具、婴儿床、婴儿车、尿布台、洗澡盆等	衣柜、斗柜、小推车

各阶段儿童房的整理重点

　　儿童房是家里变化最明显的成长空间。我做过的整理服务的家庭，无论孩子几岁，家长都倾向于从一开始就把儿童房用衣柜、大床等大件家具定好格局，占用孩子的活动空间，反而会限制孩子的探索行为。0—6 岁的婴幼童需要灵活的活动空间，而不是大床。

（1）0—1 岁

　　孩子的物品由家长管理，包括摆放位置以及去留，主要放在父母房间，也可以单独摆放在公共区域。

（2）1—3 岁

　　学走路、学说话、用身体探索空间、学习父母的日常行为并进行能力练习，需要创造安全且可以自由活动的空间。增加玩具、绘本、兴趣方向的用品，在公共区域设置一个区域，集中收纳。孩子从 2 岁左右开始有选择的意识，父母需要做的是缩小选择范围，一次有 2～3 个选项即可。这意味着物品的数量不需要太多，东西太多、太乱，反而会造成选择困难。

（3）3—6 岁

　　开始有自我意识，行为习惯逐渐形成。上幼儿园有自己的"朋友圈"和兴趣班，家里出现手工作品、手工材料、跟兴趣有关的物件。父母着手培养孩子的生活能力以及为其提供机会，参与自己物品的分类、管理，引导孩子设计自己的收纳场所。收纳场所就在活动区域范围附近，若在客厅玩玩具，则在客厅开辟一块地方作为玩具的收纳空间。

（4）6—10 岁

　　进入学校接受义务教育，家长要准备一个独立空间，满足孩子休息、学习、娱乐等需求。孩子在依赖中一步步走向独立。空间是一个很好的边界，包括物理空间以及责任空间，有利于培养孩子独立完成事情的能力，也需要家长耐心陪伴，从而顺利过渡到上学阶段。

（5）10—15 岁

　　进入青春期，孩子能量丰富且情绪状态不稳定，自我意识增强，需要一个完全独立且他人不能随意进入的空间。家长也不要随意收拾孩子的东西，给孩子定规矩的同时，倾听孩子的想法，作为大人也同样遵守规则。这个阶段，孩子所有可爱的、不可爱的行为都是在呼唤父母的爱，希望得到父母的尊重和理解。父母要给予孩子足够的成长空间，做孩子人生的引导者，而不是绝对领导者。

（6）15—18岁

　　身体体征迅速发展，有较强的自我独立意识，无论心理上还是行为上都表现出很强的自主性，情感世界也变得更加丰富。在这个阶段，孩子更需要朋友，家长要调整心态，像朋友一样，在孩子需要的时候提供力所能及的帮助和倾听，而不是指责、批评。在空间层面，房间成为孩子在家主要的活动空间，格局也基本定型，不要随意翻看和扔孩子的东西，完全放手让孩子自我管理。

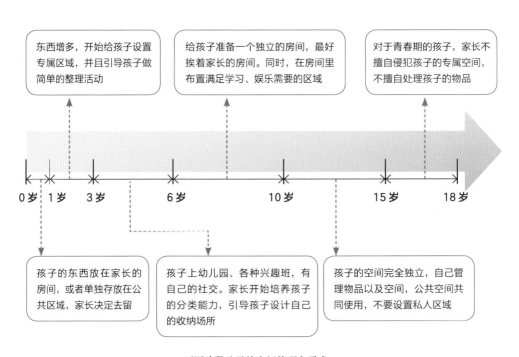

不同阶段孩子的空间管理和需求

有很多家长，无论怎么强调从自己的东西开始整理，依然是先拿孩子的东西下手，将孩子的东西丢得干脆利落，指责孩子不收拾，也毫无心理阻碍。习惯从"我"出发，在孩子小的时候，"'我'觉得孩子还小""'我'想孩子只要好好学习"，从小包揽家务，打理好家里的一切，把锻炼孩子参与家庭建设的机会和选择的能力，扼杀在自己勤劳的双手里。

等孩子长大一点，希望孩子能一下子把东西收拾好，独立完成应该完成的事情。事实上，孩子只是年龄增长了，生活能力并没有得到锻炼。在这种情况下，整理收纳这件事情还需要大人的示范和引导。最好的方式是家长先把自己的东西和公共区域收纳好，做个榜样。

之后和孩子商量，根据其目前所处的阶段和实际需求，重新规划空间，让孩子参与进来，打造属于他的"王国"，这样他才会更有主人翁意识，学会管理自己的物品和养成整理收纳习惯。

通过物品分类，了解孩子的思维方式

其实孩子很早就开始学习分类了，在逻辑思维训练类的童书、小学低年级的数学课本里，都有很多关于分类的练习：图形、动物特征、物品用途、颜色、尺寸等。例如这个题目："在下面的图片中选出不同的一个"。

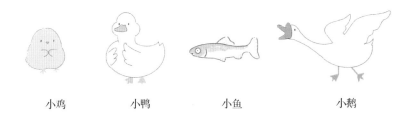

小鸡　　　　　小鸭　　　　　小鱼　　　　　小鹅

答："小鸡"。听到这个答案，你会不会火冒三丈，觉得孩子脑袋被夹坏了。孩子的妈妈觉得唯一正确的答案是"小鱼"，因为它生活在水里，其他都是家禽。孩子认为小鸡不会游泳，其他都会游泳。客观上来讲，没有对错，只是分类的思维方式不同，从分类的方式中了解孩子对生活、对世界的认知方式。

　　分类方式跟关注点有关。在上面的题目里，家禽是妈妈的关注点，游泳是孩子的关注点，同样的事物妈妈和孩子的关注点不同，答案自然不一样。做分类时，看到孩子的分类方式，大人应该表示肯定和赞扬，并分享你的想法，引导孩子采用多种分类方式，有利于培养孩子以多种方式、多个角度解决问题的能力。

　　分类这个环节没有标准，也没有正确的方法，只有适合自己的方法，分类是一件很私人的事情。恰恰因为这样，分类变成一种很重要的能力，让你跟其他人不一样。分类时可能会遇到这样的困难：不知道属于哪一类。有一个很好的分类参考场所被忽略了：在幼儿园，老师专门教孩子们做分类，教室里设置不同区域，分别收纳不同物品。休息区有孩子放私人物品的专用储物柜。教学区有置物架，教具、玩具、工具分门别类地用不同的收纳盒分装，写上标签。置物架根据孩子的身高设置，方便取放。水杯集中放在置物架上，处处都在做分类。

　　在家里，家长往往不像幼儿园老师那样，花很多时间来引导孩子做分类，但在老师们做了大量的教学铺垫之后，成果拿来即用，让孩子在家把自己的东西分类，当个小老师教你，他会更有成就感和动力。孩子物品分类参考如下：

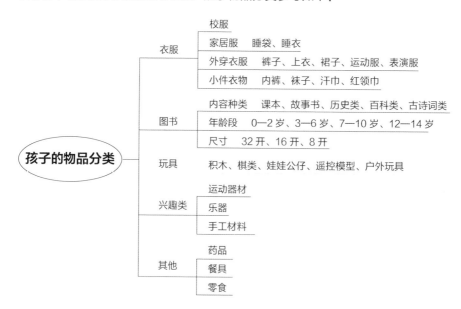

孩子的物品分类

按照物品的使用功能、使用场所来进行分类，比如颜色、大小、包装、形状、材质、功能等。

"心机"收纳，打造有仪式感的小天地

为什么是"心机"收纳？小朋友在有仪式感的环境里成长，会变得更加自信。在成长的道路上，曾经的体验会成为他生活里的"护城河"，有助于培养独立的生活能力和习惯。有三个原则：

（1）黄金收纳

孩子的身体变化很快，这就要求大人关注孩子的成长变化，并同步调整空间来满足收纳需求。身高是优先考虑的因素，把常用的物品放在孩子自然站直的状态下伸手就能够到的位置：太高，孩子够不到；太低，不方便看见和找到。

（2）就近原则

把要用的东西收纳在活动场所附近，有利于培养孩子及时归位的习惯。放回去方便比拿出来容易更重要。当孩子想用一个东西时，就算不容易也会想办法拿出来。可是一旦放回去这个动作不流畅，收拾就变得困难起来。

举个例子，孩子在客厅看书、玩玩具，那就将收纳柜放在客厅的角落，集中收纳书籍和玩具，用完放回。右图的柜子上面两层收纳的是绘

放在客厅的收纳柜

本、故事书和画笔，下面搭配了尺寸合适的开放式收纳筐，将孩子平时玩的玩具收纳在此处，一个筐收纳一大类玩具，玩的时候整筐拿出来，玩好再放回去。

（3）场景化收纳

将孩子喜欢的玩具、手办或公仔放在层板上，打造一个有仪式感的场景。大朋友、小朋友都能从专属场景里感受到欢喜。比如，小男孩喜欢汽车，在层板上用胶纸仿照停车场的样子画线，把汽车模型摆上去，而且"汽车用完要停到停车场"，保证孩子的汽车不会出现在家的不同地方。

小朋友的专属停车场

各类物品的收纳要点

（1）衣服收纳

◆悬挂收纳

孩子的衣服和成人的一样，收纳原则是能挂不叠。孩子站直的时候，从举手到自然放下，能够到的地方为"黄金收纳区"。这个区域用来挂孩子常穿、喜欢的衣服，有独立行为能力的孩子，可以每天选自己想穿的衣服，自己穿衣服、换衣服，有一种为自己做主的感觉，也能节省大人给孩子找衣服、穿衣服的时间。

对于伸手够不到的区域，悬挂区挂不常穿的衣服，储物区收纳换季的衣服和被子等，可由大人协助收纳。

儿童衣柜收纳

◆叠放收纳

适合叠放的衣服：

①外穿的衣服：除了礼裙、礼服、容易皱的表演服，基本都可以叠放。

②家居服：睡衣、睡袋。

③小件贴身衣物：内裤、袜子、汗巾、浴巾、红领巾。

很多家长喜欢用五斗柜放孩子的衣物，要记得将柜子固定在墙上，这样更安全。衣服的具体收纳方法和成人的一样，可参考衣柜整理一节的内容。

（2）书籍（不含绘本）收纳

根据孩子的身高、物品的使用频率来收纳，如下图。最上面一层放很少阅读的课外读物、画画作品。中间一层放新的练习本、老师要求读的课外书、常读的书等。开放式一层放常用课本，拿取更方便。

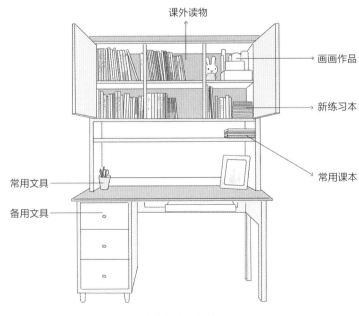

学生的书桌收纳

桌面上除了常用的文具和相框，不放其他东西，尽量让桌面保持整洁，随时进入学习状态。抽屉按照使用频率分类，将最常用的文具放在最上面的抽屉里，不常用的放在最下面的抽屉中，比如开封没用完的文具、小玩具和用盒子装的备用文具。

（3）绘本收纳

将展示收纳和隐藏收纳相结合，让孩子爱上绘本。

◆绘本分类

将孩子常看的、喜欢的绘本用开放式的书架摆出来，孩子通过封面直接识别，数量不需要太多，可轮换。

◆隐藏收纳

展示剩下的绘本，统一竖着放进储物格里，取放方便，孩子想看的时候也能找得到。

通过空间来控制数量，如下图最多就能展示9本书籍。如果孩子想从下面拿一本上来，则需要从上面拿一本放到下面，引导孩子学会控制，制定规则。设定一个时间段，把孩子感兴趣的或者你希望孩子看的绘本调换位置。

绘本的展示收纳和隐藏收纳

（4）玩具收纳

◆ **玩具分类**

根据玩的频率，玩具可分成五类：

①喜欢的：引导孩子给喜欢的玩具排序，比如最喜欢的 5 个玩具，放在他最容易拿到的地方。

②经常玩的：和喜欢的玩具一样，给玩得最多的玩具排序，用收纳空间来排序。

③比较少玩的：可能是曾经很喜欢但现在不适用的，可能是不方便拿放的，可能是超龄的，和孩子一起确认要不要保留。

④送人的：孩子不喜欢、不常玩的，想要送人。

⑤不要的：坏掉的、孩子不想再玩的，集中处理，要尊重孩子的决定。

◆ **玩具收纳的原则**

分类收纳。每个家庭、各个阶段、男女孩子的玩具都不一样，将孩子的玩具分类，比如操作类的、教育类的、益智类的，以及整套的或零散的。

就近收纳。创造容易归位的环境，在哪里玩，就近把玩具收纳好。

标签收纳。按照孩子能识别和理解的方式贴标签，文字或图案都可以，增加趣味性的同时，引导孩子及时将玩具归位。

◆ **玩具收纳的重点**

①设置一个集中的收纳空间，避免玩具分散在家的各个地方。

②按照玩具自身的重量收纳，把重的放在下面，轻的放在上面。

③把好看的、常玩的、适合场景化的玩具放在不带门的层板上，不规则的玩具放在柜子里，或者借助工具收纳。

④抬头能看见的地方作为展示收纳，腰部以下的地方采用隐藏收纳。

◆ **处理不需要的玩具**

大多数小朋友在知道要把玩具扔掉后，会有不开心的情绪。所以不想要的玩具，除了直接扔掉、送人，还可以选择小朋友更能接受的方式。

①跳蚤市场。社区里偶尔会有类似的活动，筛选出来的玩具可以拿到跳蚤市场上售卖，珍惜物品的同时，还可以教孩子认识钱币，知道父母赚钱不易。

②交换礼物。把完好、干净的玩具和别的小朋友交换，赚了开心，还可以交朋友，一举两得。

③捐给福利院或义卖。不需要的玩具可以送到更加需要它们的地方，爱心传递，收到的小朋友也会很开心，同时孩子也做了公益活动。帮助别人的人，才是收获更多的人。

（4）维护

◆ **用完归位**

培养及时归位的习惯，每次使用过的东西，约定一个时间将其放回原位。可以和孩子有一个约定的动作，每当做这个动作的时候，说明要把东西送回原位了。记住一点：当孩子做出这个动作时，父母也要执行，这适用于所有家庭成员。

◆ **制订购买计划**

小朋友买玩具，通常想一出是一出。看到喜欢的就想买，买回家也玩不过来。跟孩子商量好，制订购买玩具的计划，比如生日、儿童节、春节等重要节日，平时一个季度花多少钱用于买玩具等。

◆ **买一丢一**

如果孩子想买玩具，那么跟他商量准备把哪个玩具拿走腾出地方。这个时候他可能会思考是否真的想买这个玩具，并做出最终的决定。

用孩子可以理解的方式进行沟通

在面对孩子整理收纳的问题上，父母们往往有过高的期待，"快点去整理你的玩具""玩好了，就把玩具收好"。他们以为发出指令，孩子就会立马按照自己说的、想的执行，结果发现这些话说了等于没说。这些话小孩子理解不了，自然没有相应的行动。"整理玩具""把玩具收好"，具体怎么做？做到什么程度才算好呢？孩子没有概念，你需要告诉他怎么做，以及具体的方法。

比如："宝贝，你可以把玩具放回红色的箱子里吗？""宝贝，芭比娃娃在这里待很久了，你可以把她送回家吗？"这样明确的行动指南，孩子更清楚应该做什么、怎么做，一步一步地建立秩序。

整理玩具就是孩子学着建立秩序和管理自己物品的最佳活动。玩具本来是孩子的东西，每天都会玩玩具，每个小朋友都有主人翁意识，知道保护自己的"好朋友"。用孩子可以理解的方法帮助其建立秩序，你会发现原来有秩序的孩子可以让你的生活如此平静、快乐。

本节小结

1. 了解孩子每个成长阶段的需求，并做出相应的收纳规划。

2. 给孩子打造一个可灵活变动的成长型空间——作为探索生活的第一空间。

3. 鼓励孩子自我负责，做力所能及的事情，给孩子提供学习和整理收纳的机会。

04 客厅，打造全家人的心理营养基地

推开门，从玄关走到客厅，不同的客厅会给人不同的感觉。

一个场景中，一面墙上装了电视柜，另一面是整墙书柜，上面摆满了书，家里有上小学的孩子，书架上连中学的课外资料都囤好了，除了让人精神紧绷，还会带来压抑感。

另一场景中，孩子的玩具零散地"长"在地板上，已经不用的婴儿床成了玩具"收纳盒"。单人沙发被推到角落，其上放着带孩子出门的袋子、不用的玩具盒。另一张沙发上堆放着快递箱、爬行垫、双肩包等，没有一处地方空闲。电视柜上铺满缠绕在一起的充电线，插排上带着多孔充电器，手机、路由器、机顶盒藏在线堆里，不但凌乱，还有安全隐患。

一种客厅，对应着一种生活方式。出现上述问题有两个原因：

①生活习惯。对于物品通常是哪里方便放哪里，用完也不收纳，就地"待命"。
②空间规划。入住之前不考虑人口变动，按照入住当时的状态使用空间。

孩子出生以后，家里的东西急剧增加，空间布局没有跟着变化，导致很多东西堆放在客厅。加上老人来帮忙带孩子，东西越来越多，家里越来越乱。

客厅空间规划

客厅是房子的中心，也是一家人相处时间最多的空间，容易培养感情和磨合生活习惯，让家人感受温馨和安全。随着生活方式的改变，客厅的模式也发生了变化，常见的客厅布局有三种。

（1）传统模式

自带"老三件"——沙发、电视机、茶几，大多数家庭采用的还是这种传统模式，它适合客厅杂物不多、喜欢简约、看电视频率颇高的家庭。

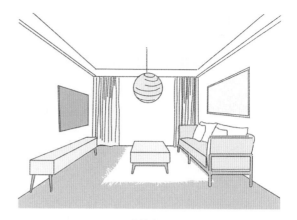

传统客厅

（2）重收纳模式

用整墙定制柜代替简单的电视柜，增加收纳空间，适合物品较多、需要大量收纳空间的家庭。

重收纳的客厅

（3）"去客厅化"模式

如今，在家工作成为一种新模式，在客厅的重要活动包含了工作，或者希望培养孩子的学习习惯，打造成长型客厅，装上大书柜，摆上大书桌。

"去客厅化"的客厅

无论采用哪种模式，都要考虑居住者的实际需求，比如：有哪些家庭成员？做哪些事情？需要用到什么东西？看电视、喝茶、学习、办公，这些事情可以重合，也可以有侧重点，确定需求再决定客厅的模式。

客厅整理的四个步骤

第一步：清空

将柜子里、茶几台面上、抽屉里的东西都拿出来，客厅经常用到的物品有：电子产品、影音娱乐产品、零食、日用品、药品等。清空之前先腾出一片空地。如果希望小朋友的玩具、绘本和公共用品分开，可以参考儿童房的整理收纳。

第二步：分类

客厅的物品种类比较多，分起类来比较琐碎，需要多一点耐心和体力。准备一个小板凳和几个盒子，分别装不同类别的小物件。

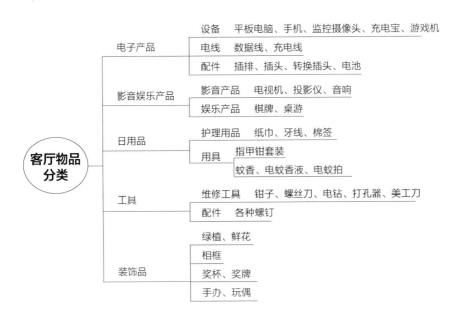

客厅物品分类

第三步：减少

客厅大部分物品都是公用的，少部分是个人的。结合客厅的功能，设定娱乐、休息这两个实际需求，尽量不要放过多的杂物，把需要用的东西留下来。可以处理的物品如下：

①不会再用、坏了的电子产品。

②脱皮、露线的数据线，找不到适配设备的电线。

③无用的课本附带的光盘。

④开封很久没用完的、过期的日用品。

⑤不趁手、坏了的工具，相同功能的工具留下适当的数目即可。

⑥原件已经不在的螺钉和配件。

⑦落灰的干花、仿真花、枯萎的植物等。

客厅里常用且很喜欢的，留下来放在最醒目又方便取用的地方；喜欢但不常用的留下来，展示收纳；常用但不喜欢的东西，留下来继续用一段时间，体会用的时候是什么感觉；不喜欢也不常用的东西，直接舍弃。

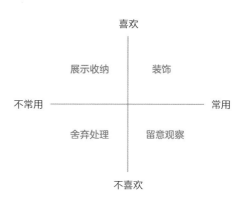

结合使用频率和喜欢程度决定物品的处理方式

第四步：收纳

客厅的收纳和其他地方不太一样,厨房、卫生间有明确的使用功能和需要用到的工具,客厅除了实用性,还要兼顾美观。那么客厅到底要怎样收纳,才能做到实用性和"颜值"兼备呢?

①有藏有露,"藏二露八"。展示收纳占客厅收纳空间的比例不超过20%,比如纪念品、装饰品、画作等。数量较多的情况下,将部分物品存放起来,下个季度或固定时间替换展示。隐藏收纳:不好看的、零碎的、不常用的物品,收纳在柜子或抽屉里,占收纳空间的80%左右。

②统一收纳工具。把物品都装进外观统一的收纳容器中,空间会立马变得清爽起来。除了收纳用品款式统一外,尽量和居室软装的风格相搭配。建议柜子里使用透明盒子,来收纳不常用的东西;放在台面上或外用的收纳筐使用不带盖的,收纳常用的东西,方便拿放。

③选择实用、好看的收纳工具。比如带装饰作用的收纳筐、收纳篮。

客厅是全家人一起活动的地方,也应该是大家一起维护、营造温馨气氛的地方。一起建立公共空间的管理规则,相互尊重的同时,主动维持有序的状态。

本节小结

1. 重新确定客厅的用途和功能,将促进感情作为重要目标。

2. 客厅的物品相对琐碎和零散,收纳时多一点耐心。

3. 公用物品的收纳尽量做到一目了然,方便取放。

05　厨房，让烟火气抚慰你的心

　　我对厨房有一种特别的感觉，很多藏在心里的温暖都是厨房带来的，它是承载家庭记忆和味道的场所。如果你问我喜欢吃什么菜？我第一时间想到的是爸爸做的白切鸡、妈妈做的葱花豆腐、爷爷煎的鱼、奶奶蒸的糯米饭、姑姑炒的鸡蛋……想想都流口水，所有的味道汇集在一起，它们有一个共同的名字：幸福！

　　在我们家，每个人都有自己的拿手菜。观察家人做饭20多年来，我注意到无论谁做饭，做完饭的厨房和做饭前的厨房是一模一样的，用完的工具顺手清洗干净，沥水的沥水、归位的归位，他们都做得很顺畅，这些组成了我对厨房的认识。

　　这些年，我走进过不少厨房，发现厨房保持干净整洁、合理收纳，对很多家庭来说是一个不小的挑战。厨房常见的问题有：

　　①台面上堆满东西。各种瓶瓶罐罐、碗、盘、水杯、袋装调料等，东倒西歪地"躺"在台面上，做饭就像打仗一样。

　　②空间利用不合理。厨房面积虽然较小，但需要收纳的东西最多，"麻雀虽小，但五脏俱全"说的就是厨房。空间规划比收纳技巧更重要，例如：台面是用来加工和切菜的，在日常生活中，大部分人将台面当成收纳场所；柜子是用来收纳的，反而被闲置。

　　③塑料袋"成群"。在各个角落随手可以抓一把塑料袋，装有东西的或者空的，还有不同的颜色：透明、红色、绿色等。我的处理办法是：在水池下面放一个大号袋子，把厨房里的所有塑料袋都装在里面，放不下就扔掉。

梳理动线，让做饭变得更顺畅

按照做菜的习惯，厨房的操作动线是：拿—洗—切—炒—盛。每个环节都有需要用到的东西和相应的收纳需求，厨房的空间规划显得特别重要，也是其能否高效运转的关键。厨房常见的三种布局是：一字形、L形和U形。

（1）一字形

橱柜靠墙一字排开，冰箱在橱柜旁边，这在公寓房比较常见，而且多为开放式厨房。

（2）L形

L形是比较常见的厨房布局，受到厨房门的影响，在一字形的基础上利用转角，增加可利用的空间。

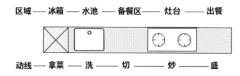

一字形厨房布局和动线

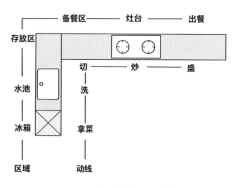

L形厨房布局和动线

（3）U形

这是最理想的厨房布局，做饭动线顺畅，与相同面积但不同布局的厨房相比，增加了收纳空间和操作台面。

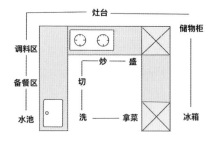

U形厨房布局和动线

以上布局按收纳容量和动线顺畅程度的优劣排序依次是：U 形、L 形、一字形。布局满足动线的需求，不仅增加了收纳空间，还能提升做饭的效率。无论何种布局的厨房通常都需要具备五个区域：储物区、清洗区、备餐区、烹饪区和出餐区。每个区域常用的物品分别有：

①储物区：冰箱，比如肉类海鲜、蔬菜、速冻食品、水果、鸡蛋、调料等；橱柜，比如米面粮油、杂粮干货、杯具、烘焙用具、备用清洁工具等。

②清洗区：洗菜盆、清洁剂、抹布、清洁海绵、钢丝球、清洁刷等。

③备餐区：砧板、菜刀、剪刀、刮皮刀、打蛋器、计量器、擀面杖、厨房纸等。

④烹饪区：常用调料，比如植物油、酱油、料酒、盐、鸡精、淀粉等；常用工具，比如炒锅、炖锅、蒸锅、平底锅、铲子、汤勺、滤勺等。

⑤出餐区：装菜的菜碟和餐具，比如筷子、刀叉等。

盘点厨房里的各类物品，根据物品的种类规划需要的收纳空间，写下你的新安排。

厨房整理的五个步骤

厨房里的物品容易沾有油渍、水渍和灰尘，因此在整理之前，应提前准备橡胶手套、厨房湿巾、铺在地上的垫子（一次性桌布或床单）。

第一步：清空

提前把餐桌清空并移到一边，腾出尽可能大的地方，铺上垫子，把橱柜里的物品全部拿出来。物品体积有大有小，玻璃、陶瓷等易碎品轻拿轻放。柜子清空后，先对柜体内部进行一轮清洁。

第二步：分类

厨房里的东西类别杂、数量多、体积差别大，按照体积分类容易操作。下面的分类供参考：

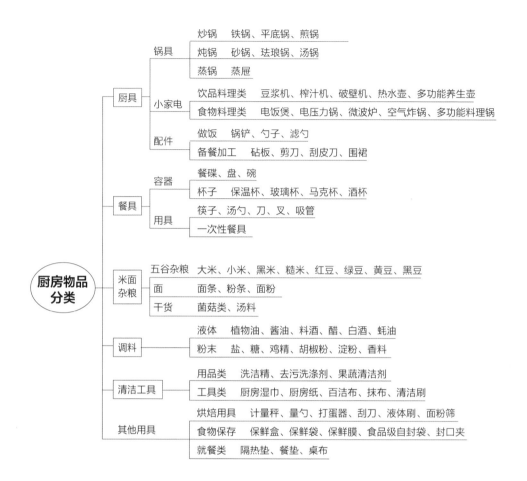

厨房物品分类

第三步：减少

厨房里的物品与我们的健康、身材管理直接相关，影响健康、阻碍管理身材的食材和不顺手的厨具，不建议留下。

①锅类。将占用空间多、使用频率不高、不能再使用、炒菜容易粘锅的锅舍弃；目前不需要、功能重复、不常用的锅，拿去送人或者处理掉。

②小家电。一年以上没有用过、功能重复的小家电，果断把它们送给有需要

的人。小家电更新换代快，购买时考虑多功能一体机，省钱，省空间。

　　③食品。有保质期的食物，以保质期为界限，在保质期内的留下，过期的不留。没有标记保质期的食物，观察状态是否正常，比如五谷杂粮有没有生虫、粉末状的有没有结块、块状的有没有融化变质等。

　　④调料、酱料。有保质期的检查有效期，过期不留；没有保质期的酱料，忘记开封了多久也没吃完的，考虑是否留下。没有保质期的材料，带回家后及时标记购买日期，以便之后判断能否正常食用。

　　⑤工具类。功能欠佳、使用效率打折、污渍清洗不干净等的工具，用新的代替旧的，旧的舍弃不要。

第四步：收纳

　　把需要用的东西就近收纳在使用场所周围，提高使用效率。重点考虑谁在厨房做饭比较多、做饭的习惯，以及工具的使用频率等，结合使用习惯安排物品的收纳位置。橱柜分为上、中、下三个部分，接下来从下到上来拆解每个区域的收纳。

◆地柜的收纳

　　重量的东西收纳在地柜中，比如常用的餐盘、锅具、不常用小家电、备用罐装油、大包面粉等。燃气灶下方橱柜的收纳对应的是烹饪区物品，主要收纳锅具、常用的调料和常用的餐碟碗筷。

　　锅具的收纳。每天都用的炒锅放在燃气灶上，常用的锅放在方便取用的地方，汤锅、炖锅等体

锅具的收纳

积较大的锅竖立收纳，直接放在橱柜层板上。收纳空间足够的话，平底锅、体积小的锅可竖立收纳，不常用的 2 ~ 3 个叠放在层板上，或者借助收纳盒竖立收纳，方便取放和节省空间。实在放不下的，根据实际收纳需求，额外添置质量好、承重力佳的置物架，以增加收纳空间。

　　收纳盒的选用。放在地柜层板里的收纳盒，选用时留意两个细节：最好带有滚轮和上面带有把手。滚轮可以轻松拉出来；上面带有把手的，可以直接拉出来，而且边沿托起锅的手柄，稍稍弯腰即可拿到，不用蹲下身去拿。

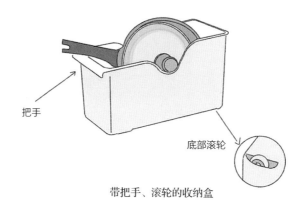

把手

底部滚轮

带把手、滚轮的收纳盒

　　常用调料的收纳。调料有两个常见收纳场所——地柜的拉篮和墙面靠近燃气灶的地方。常在厨房做饭的人，如果喜欢随手就能拿到，那么利用墙面做收纳，但需要时常清洗调料瓶外部，因为暴露在外有油污。不喜欢把调料摆出来，想要厨房看起来干净整齐的，则收纳在拉篮里，做饭时把调料拿出来，做好饭再收回去。这两种收纳方式各有优劣，根据烹饪者的使用习惯决定收纳场所。

◆ **餐碟碗筷的收纳**

　　燃气灶下方通常有两个抽屉，优先把餐碟碗筷收纳在这个地方，就近取用。餐具较多的话，选用可调节的碗碟架，灵活调整空隙，实现竖立收纳。每个碟子、碗都有属于自己的位置，取放方便。碟碗的数量和种类不多的话，叠起来平放即可。刀叉筷勺用分隔盒分类收纳，直接取放。

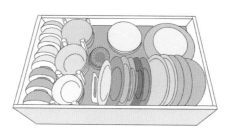

餐具的收纳

◆ **水槽下方的收纳**

对应的是清洗区，厨房里的清洁剂和正在使用的清洁工具集中收纳在这里。清点清洁用品的种类和数量，测量好可用空间的尺寸，再选择合适的收纳工具。另外，保鲜袋、一次性手套这些接触食物的东西，不建议放在这里，一是避开清洁用品，二是水槽下方水汽多，容易滋生细菌。

水槽下方的收纳

◆ **操作台面和墙面的收纳**

台面属于备餐区，主要功能是加工食材，满足这部分需求后，再考虑其他功能。尽可能清空台面，让切菜流程更顺畅，清洁的时候也更轻松。清空台面的妙招是巧用墙面。厨房墙面是很容易被忽略的收纳场所，借助收纳工具，把墙面利用起来，可以节省台面空间。

没有多余物品的操作台面

上面提到的调料置物架是其中一种，常用的锅铲、滤勺、饭勺等，用挂杆、排钩放在灶台旁边，就近取用。这个区域用到的东西尽可能上墙，以清空台面，拿取更方便，还有利于沥水。

◆ **吊柜的收纳**

吊柜属于储物区，主要收纳不常用的、重量轻的工具和食材。吊柜一般有两层，层高固定，有部分空间可能被浪费，与其买收纳盒，不如增加层板，调整高度，达到扩容的目的。收纳工具推荐食品级储物罐和带把手的收纳盒。

①食品级储物罐。用来收纳五谷杂粮、干货、汤料、粉条、挂面等，为长方形窄面，更节省空间，透明材质一目了然。比如下图带有盖子的杂粮储物罐，还可以摞起来，有效利用空间。

②带把手的收纳盒。肩膀以上的空间用带把手的收纳盒，省力气。吊柜上层选用把手在底部的，方便推拉拿取，省力又省心。

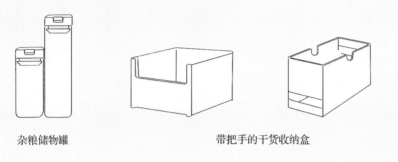

杂粮储物罐　　　　　　　　　　带把手的干货收纳盒

除了吊柜和地柜之间的墙面，其他墙面也可以利用起来。比如在厨房门后面定制一个进深为 15 cm 的薄柜，收纳瓶瓶罐罐、牛奶、零食等，节省橱柜空间。用统一的收纳工具，一拿一放，好看又方便，这也是增加收纳空间的好办法。

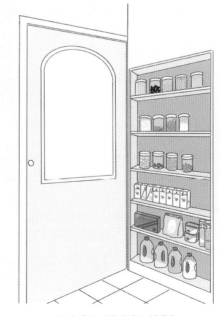

从墙壁里"挖出来"的薄柜

特别说明：

①厨房里有明火、有水，收纳时，灶台附近不要摆放易燃物品；靠近水源的地方，也不要放怕潮湿的东西。

②方形收纳盒比圆形收纳盒的空间利用率更高，尽量做到颜色、款式统一，视觉上更加舒适，同时尽量选择经典款式，后续补充也方便。

③用食品级密封袋代替买东西送的塑料袋，保存食材更安全，还能防止串味。

④收纳好后，贴上标签，要用的东西能立马找到。

第五步：舍弃

筛选出来不需要的锅类和小家电，还能使用且品质不错的，可以送人或转让，小区业主群转得快。过期的食物以及坏的、旧的工具，直接扔到垃圾站即可。

厨房里有家的味道，打造一个高效的厨房，不仅能提升烹饪效率，还增加了家的温度。生活里的烟火气就是一日三餐。另外，厨房的收纳还影响了衣柜里那些等瘦了再穿的衣服，通过整理厨房，可以发现自己的饮食和囤货习惯。

本节小结

1.厨房是饮食健康管理的源头，保持整体清爽整洁、烹饪流程顺畅至关重要。

2.将每个区域的物品就近收纳，提升使用效率。

3.定时清理食物和调料，保障食品有效和安全，有利于身体健康。

小专栏

好用的厨房收纳工具推荐

◎地柜拉篮

很多橱柜自带的调料拉篮空间利用率低，调料放一瓶有余，两瓶就放不下了，刀架基本闲置或者放置刀具后不再使用。总之，使用不便，浪费空间，容易藏污纳垢。

改造为抽屉式拉篮，不仅增加收纳容量，也方便取放。首先盘点调料的种类、数量和调料收纳体的大致高度，再确定需要增加的抽屉高度和数量。用到的物料有滑轨、抽屉或拉篮，记得量好柜内的净尺寸，避开柜门铰链的位置。

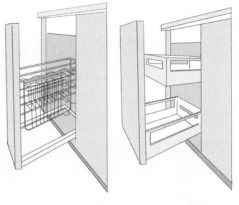

橱柜自带的拉篮　　　　抽屉式拉篮

◎上墙置物架

上墙置物架的优点是节省台面和橱柜的收纳空间，方便清洁，打孔的比免打孔的承重性好，相对更安全。需要考虑调料瓶的尺寸和数量，要比置物架的尺寸小，才能放得下。

◎调料分装瓶

统一分装瓶，在视觉上是加分项，而且更加美观。如果嫌麻烦，可以用原装瓶子，注意置物架的高度。

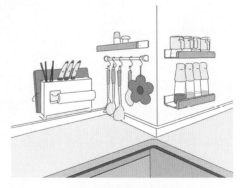

小件工具和调料上墙收纳

06 冰箱，把控饮食健康的源头

　　很多人觉得有一个能囤货的大冰箱太重要了，甚至把冰箱变成冰柜，装得满满当当才有安全感。"新冠疫情"不仅改变了人们的生活方式，还改变了人们对冰箱的需求程度。冰箱里装的不仅仅是食物，还有人们对生活的期盼，以及对生存安全的需求。

　　有句话说："你吃什么，就会变成什么样。"那些放了很久没吃的肉、塑料袋里串味的干货、腐烂的蔬菜，在打开冰箱后总散发出一股恶心的味道，被支配的恐惧油然而生。你想想那些已经腐坏不能吃的调料和食物，都是用钱买来的，日积月累的伙食费也是一笔不小的开支。管理好冰箱，也是管理健康和金钱的管道。

　　在厨房整理部分曾提到，冰箱是做饭要用到的材料的第一个收纳场所。做饭之前，我们会习惯性地打开冰箱，拿出冷冻的肉、冷藏的蔬菜和调料，能否快速拿到需要用的东西，影响了做饭的流程和总时长。

冰箱整理的三个步骤

第一步：了解现状

　　打开冰箱，观察里面的收纳情况，看看有没有塞满塑料袋。白色的、透明的堆在一起。接着一连串冰冷的味道前仆后继地通过鼻腔溜进你的喉咙，咽不下去，吐不出来。冰箱经常出现的问题如下：

　　①冰箱被塞得满满的，没有空余的地方。

　　②放眼看去，冰箱里 90% 的收纳工具都是塑料袋。

　　③冰箱里气味重。大多是由使用塑料袋引起的，因为塑料袋没有密封功能。

　　④食材吃不完、被遗忘，过期或变质。

通过以上问题，以及冰箱里现有的东西，了解自己的饮食习惯和喜好。了解空间布局。正常的收纳是根据物品的数量来决定收纳空间，但冰箱是个例外。在购买欲望超强的时候，冰箱是先盘点的空间，包括冷藏区、冷冻区，再决定买多少东西。

测量尺寸，预估需要用到的收纳工具。

第二步：清理冰箱

等冰箱里的食材消耗到差不多再整理，工作量小且缩短整理时间。冰箱看起来小，实际上很能收纳，而且冷冻的肉类也会增加整理的难度，不容易辨别是什么肉，拖长整理的时间。

整理前，先拔掉电源，把冰箱里的东西全部拿出来，放在餐桌上或铺垫子放在地上。用抹布、清洁剂先把内部彻底清洁一遍，让你的食物"住"在干净的家里。食物分类如下：

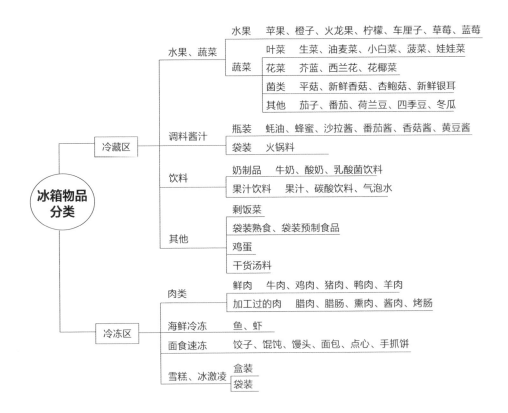

冰箱物品分类

食物筛选：

①过期的。冰箱的作用是保鲜，但不保障不过期。逐一检查有保质期的食物、调料，以有效期为准，过期的不留。

②变质的。有些手工制作的腌菜、酱料、加工过的肉类，观察其外观和形态，比如表面是否发霉、粉末状的有没有凝结成固体或受潮等，变质的不留。

③腐坏的。叶菜和菌类容易腐坏、冻坏，这跟保存方式以及食材本身有关，坏的、发臭的不留。

④开封但没食用完的。部分饮料、牛奶、食材标有保质期。此外，包装上标记有最佳食用时间，超过这个时间，为了安全起见，也尽量不留。

⑤其他。虽然在保质期内，但你不会、不想再食用的食物，也尽量不留。

第三步：食材收纳

冰箱里收纳着各种各样的东西，实际上，有些东西不适合收纳在冰箱，有些东西则需要及时放进冰箱。不适合放在冰箱的食物有：

①根茎类蔬菜，比如山药、土豆、芋头、甜菜、红薯、姜、大蒜等。

②没熟的水果，比如芒果、香蕉、菠萝、木瓜、猕猴桃、百香果等。这些水果需要在常温下催熟，如果没熟就放进冰箱，低温状态下不会变熟，而且口感酸涩坚硬。

③全熟还没吃完的水果，可以放入冰箱冷藏室，但口感会变差，要尽快吃完。

④低于 10 ℃，容易发生冷害的果蔬，比如香蕉、芒果、橘子、西柚、木瓜、杨桃、黄瓜、青椒等。出现冷害的表现：表皮出现凹陷的暗斑，无光泽，脱水皱缩萎蔫，果肉变褐或变黑等。如果非要放在冰箱里，要尽快吃完。

适合放在冰箱的食物有：

①包装上的"贮存条件"明确写有"开封后冷藏"这5个字的食物和调料酱汁等，开封后应及时放进冰箱，比如蚝油、黄豆酱等。

②低温酸奶。活性乳酸菌等有益菌在冷藏条件下会停止繁殖，能保证风味口感。

③巴氏鲜牛奶。

④豆制品。除非没有特别说明，大部分豆制品都需要冷藏。

⑤其他。参考购买时的摆放位置和温度状态，从超市冰柜里拿的，回到家也放进冰箱；快递、外卖配送配有冰袋，到手时是冰的，表示冷藏过，应尽早放进冰箱。

无论什么东西，放在冰箱里基本都是要吃进肚子的，应尽早食用。

冰箱空间的规划和维护

（1）冰箱的空间规划

◆**冷藏区**

第一层：剩饭剩菜、熟食。

第二层：鸡蛋、牛奶、饮料等。

第三层：蔬菜、水果。

◆**冷冻区**

第一层：冰激凌、雪糕。

第二层：速冻面食。

第三层：肉类海鲜。

◆**冰箱门**

冰箱的空间规划

不容易变质、受温度影响低的调料、饮料等。

特别说明：

①将即食类食品和需要烹饪加热的食物分开放，例如将冰激凌、水果和生肉分开存放。

②冰箱温度，夏季调到 2 档，冬季调到 4~5 档，春秋季调到 3 档。

③定时清理冰箱，每 3 个月一次。

（2）冰箱的维护

①观察和记录食物的消耗量。

②根据①的信息，制订采购计划，省心省力。

③列采购清单。固定日期采购，比如每隔两天、每周一次，保证冰箱里的食材是循环流动和更新的，尽量吃完现有的再买新的。身体需要新陈代谢，冰箱里的食材也一样。

本节小结

1. 普通塑料袋是收纳的"天敌"，也不利于身体健康，尽量避免长期使用塑料袋装食物。

2. 留意不适合放进冰箱和需要放进冰箱的食物。

3. 味道较重的食物，用密封袋或带盖的收纳盒收纳，防止串味。

小专栏

冰箱里的收纳好物和方法分享

◎食品级密封袋

相比塑料袋，食品级密封袋更安全环保，能防止串味。透过透明的袋子，一眼就能看到想吃的食物，而且袋子和肉不会粘在一起。另外，其他常温保存的食材和零食也可以使用，收纳、外带方便且实用。

食品级密封袋

冰箱收纳适用于：叶菜和带有味道的蔬菜；体积小、不怕压的水果，比如圣女果、金橘、小青柠、车厘子等；各种冷藏鲜肉、需要提前腌制的烤肉等；小盒黄油、小包酱料等。

◎牛皮纸袋

环保健康，循环耐用；比收纳盒更灵活，四周柔软，有伸展空间；尺寸多样，哪里需要放哪里。适用于分类收纳：鸡蛋、水果、脱水蔬菜、袋装酱料、果冻、独立包装的肉肠等。

牛皮纸袋

◎冰箱收纳盒

收纳盒和袋子的作用都是用于分类。透明的收纳盒在视觉上更加整齐干净，但空间利用率和收纳容量比袋子低，按需求和喜好选用即可。冷藏区放各类水果、蔬菜，冷冻区进行各种肉类分装。

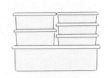

冰箱收纳盒

◎收纳方法——贴标签

标签有利于标识食物的日期，提醒食用。拆掉原包装的食物，贴上有效期、开封日期的标签。不容易识别的肉类、没有生产日期和使用日期的食品，写上购买或加工处理的日期。

贴上日期和食物名称的标签

07 卫生间，打造干净、清爽、不凌乱的空间

曾经有一位客户告诉我，最想要的家具是浴缸，那是她的理想空间。点上香薰，撒上花瓣，听着音乐，消除白天的烦恼和劳累，身心放松。后来，她的梦想实现了一半，浴缸有了，但从来没有泡过澡。

随着入住时间的推移，理想的空间不记得从什么时候开始被忽略。试着将一些不用的东西放进去，一生二、二生三、"三生一缸"，浴缸成为她家里的第二个储物间，堆放着卫生间里不用的东西，比如清洁用品、护肤品、洗护用品，甚至还有没洗或不常穿的衣服。这种囤积会慢慢地把浴缸变成"仓库"，侵占你的理想空间。除了浴缸，卫生间里经常出现的问题有：

①洗手盆台面上的瓶瓶罐罐东倒西歪，高瓶子、矮罐子、化妆刷、化妆棉、洗脸巾混放在一起，顽固的水渍、污渍黏附在瓶罐的外面，拿起来黏糊糊的；镜子长时间没有清洁，模糊不清。

②淋浴区，正在用的和没用完但不会再用的洗护用品堆在一起。

③泡脚桶、拖把、抹布、孩子的洗脸盆和浴盆随手放在空余的地面上。

卫生间跟身体密切相关，但也是容易被忽略的空间，通常被安排在阳光最少的角落，加上每天使用产生的水汽，容易成为细菌繁殖的场所，给身体带来不适。因此，一个干净清爽的卫生间，对身体健康和心情舒畅起到很重要的作用。

干湿分离的好处

卫生间的面积通常不大，但它是一个兼具多种功能的空间。基础功能区：洗漱区、坐便器区、淋浴区。额外功能区：洗衣区、泡澡区、储物区。每种功能、每个家庭成员相对应的活动，决定了使用物品以及满足收纳需求的空间。干湿分离的好处：

（1）提升生活效率

尤其是家庭成员在 3 个以上的，早上起来后，上厕所、洗漱，加上护肤化妆时间，大家很容易"打架"。按照不同的功能来划分，让家庭成员能够在同一时间使用，效率会提升很多。

（2）方便打扫

卫生间是水最多的地方，不仅要用水，还要防水，干湿分离可以减少水到处飞溅，用完只需要打扫一个地方，其他地方也很容易清洁，只需要把干区地板上的水拖干即可。

（3）增加安全性

卫生间是家里最容易跌倒的地方，为了尽量避免这种情况发生，可以做干湿分离，保持干燥，降低风险。如果卫生间没办法大改动，还可以增加免打孔伸缩杆或浴帘轨道、浴帘、挡水条，轻松实现干湿分离。

卫生间整理的五个步骤

第一步：清空

将卫生间里所有的东西都拿出来，直接接触身体的物品和清洁用品分开放，比如牙膏、牙刷，不要和清洁剂放在一起。对于易碎的玻璃瓶、零碎的小件，提前准备几个收纳筐装起来，方便从柜子里"运输"到集中的地方。

分类之前，先把柜子、收纳盒彻底清洁一次，晾干，给留下来的东西准备一个干净清爽的家，它们也随时准备好供你使用。

第二步：分类

卫生间每种用品只对应着一个使用区域，分类起来比较轻松简单，参考如下：

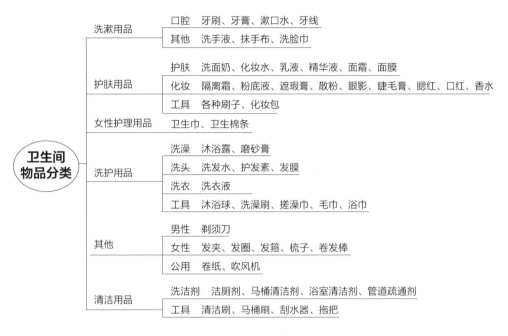

卫生间物品分类

第三步：减少

卫生间属于公共区域，一半东西是个人使用，剩下的一半东西为家庭成员共同使用。因此，在做"减少"这个步骤时，跟家庭成员有关的东西不要擅自处理，参考如下：

①有效期。以有效期为标准，在有效期内的留下，过期的处理掉。需要注意：大多化妆品都有两个日期，一个是未开封的保质期，一个是开封后的最佳使用期限，在外包装上或瓶身上有标识。也就是说，开封使用后即使在保质期内，功效也是会受到影响，所以不要囤太多，要不然钱都浪费在过期的护肤化妆品上了。

②是否变质。粉状变潮，液体变固体、变色，乳状变成水，都属于变质，变质的物品对皮肤有影响，会造成过敏或不适的情况。

③定期更换。牙刷最好每 3 个月换一次，超过 3 个月的、"炸毛"的、有污渍的都要换。

④开封很久没用完的纸巾、卫生巾。这些都是容易受潮的物品，长期放在卫生间里容易受潮，最好等用时再拿进去，用完拿出来。

第四步：收纳

卫生间的所有东西都固定在一个区域使用，根据就近原则进行收纳。另外，卫生间面积小东西多、水汽多，所以尽量利用墙面，增加收纳空间的同时，不容易积水，一举两得。

◆洗漱区

每天在卫生间刷牙、洗脸、洗手、护肤，这就需要一个足够的空间来收纳物品，比如镜柜、中间墙面、台盆柜下方的空间。我生活在广州市，发现很多老房子只在洗手盆上方装了一面镜子，洗手盆的台面边缘很窄，欠缺收纳空间，勉强满足刷牙、洗脸用品的收纳，其他东西需要额外增加收纳架。在这种情况下，增加置物架或镜柜都可以，镜柜比放在地面的置物架方便。

水龙头置物架

根据使用频率决定哪些东西放在洗脸台上，哪些东西放在柜子里。

化妆品分类收纳。把同样功效的护肤品、化妆工具放在不同的收纳盒里。

①护肤品统一放在一个盒子里，如果数量较多，一盒装不下，则水乳放在一起、面膜放在一起。

②口红按同色号或同品牌放在一起。

③化妆刷竖着放在类似笔筒的收纳盒里，方便使用。

常用护肤品和化妆品的收纳

墙面和台面收纳。将每天至少用 1 次的东西摆放在台面上，收纳的方式是：化零为整。零散的东西集中用收纳盒装起来，放在离龙头远一点的位置。

柜子收纳。洗脸台下面的柜子，通常收纳过量的洗护用品和家居清洁用具。用收纳筐分类收纳，并贴上标签。

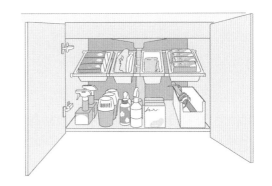

洗脸池下方的柜子收纳

◆ 坐便器区

除了正常如厕，家庭成员的不同需求以及不同的身体状况，需要不同的用品。比如小朋友需要脚凳和坐便器圈；家有老人的话，随着年龄的增长，他们的身体不再灵活，要在坐便器旁安装扶手，帮助老人借力、安全站起来。

如果东西多，不妨借用置物架，利用坐便器上方区域，收纳洗脸盆、毛巾、换洗的衣服、洗护用品等，在有限的空间里扩大收纳量。

◆ 淋浴区

淋浴区的整理重点是保持干净、清爽。因为淋浴区的物品是最少的，多数为身体洗护用品。洗护用品的收纳有两个可以优化的地方：

①用置物架把瓶瓶罐罐统一收纳在角落里，避免散乱在地上或窗台上，可以美化淋浴区的环境并节省空间，拿取方便。

②用替换瓶代替洗护用品的原包装，视感上更加舒适。因为包装也是信息之一，不同的包装带有各种信息，包括形状、颜色、文字，所以统一包装也就是统一信息，舒适度更强。贴上标签更容易辨认。

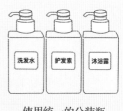

使用统一的分装瓶

第五步：舍弃

完全不能用的东西，就直接处理掉。部分过期的化妆品可以变废为宝：过期的洗面奶、卸妆水可以用来清洁美妆蛋、粉扑、化妆刷；过期的面霜可以用来护理手足关节（手肘、膝盖、脚跟）、涂抹磨脚的鞋子。

最后，保持卫生间的清爽整洁，及时将地面的水拖干。洗漱后，顺手擦干台面和镜子上的水渍。卫生间是家里最私密的地方，能让人的身体舒畅和放松。在这之前，你也要保持它的清爽和干净。

本节小结

1. 卫生间尽量做干湿分离，降低安全隐患。

2. 电动、用电物品放在用水处的上方，避免受潮。

3. 用完后，顺手拖干地面的水，擦干台面上的水和镜子上的污渍，保持干爽。

08 玄关，欢迎光临你的家

　　玄关是回家看到的第一个区域，外界和家庭的界限就在于此。玄关不仅起到阻挡的作用，还需要储存一部分物品，比如鞋子、包包、雨伞等。我看到过的玄关有很多是这样的：

　　①鞋柜层板高度固定，鞋子上面空出一截，不常穿的鞋子叠着放，等到想穿的时候发现变形了，而且放不下冬季的长靴。

　　②在鞋柜旁，用一个简易的鞋架放经常穿的鞋子。这样做有两个原因：一是鞋柜已经放不下了；二是"懒"，不愿意打开鞋柜换鞋，鞋架比鞋柜更省事。

　　③进门处，无纺布袋里装着外出买回来还没放好的东西、快递箱包裹、孩子的书包等，堆放了很多零散的东西。

　　出现这些问题，主要是因为空间设计不合理，以及不了解实际收纳需求。

玄关空间规划

　　来看一下这个案例，客户想定制一个入户柜子，打算放 40 ~ 50 双鞋子，还需要全身镜、换鞋凳，以及偶尔悬挂外面穿回来的衣服、出门常用的物品等。下页左图是定制家具公司做的设计方案，我估算了一下，按照这个格局做出来的柜子大概只能放 20 双鞋子，不能满足客户的收纳需求，用起来也不方便。不方便的原因如下：

①层板的高度固定，很多空间被浪费。

②分格太多，鞋子分散在不同的地方。

③小件物收纳在格子里，增加取放的动作，不容易看得见、找得到。

④内嵌全身镜，每次用时，打开柜子—拉出镜子—照镜子—推回镜子—关上柜门，烦琐的动作降低了使用效率。此外，镜子还占用空间。

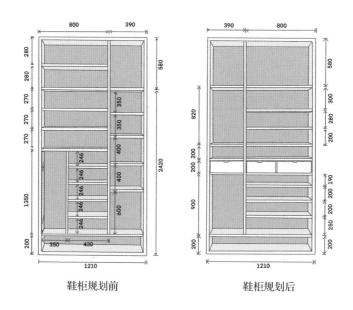

鞋柜规划前　　　　　　　　　鞋柜规划后

上图右边是根据客户的实际需求，我给出的调整方案：

①将单开门放到左边，用作装饰品、长柄雨伞、出门常用物品的收纳场所。

②右边双开门柜子，去除下面中间的层板，层板的高度可灵活调整，集中收纳鞋子。

③增加抽屉，左边抽屉为外抽，收纳常用的小件物品，比如快递剪刀、购物袋、雨伞等；右边是内抽，收纳小件工具。

④将全身镜贴在柜门上，打开门即可使用，省去推、拉两个动作。

鞋子的收纳容量翻倍，收纳 40 双左右都没问题，还增加了 3 个抽屉，既方便取用，又高效利用空间。同样的空间拥有不同的收纳容量，这决定了使用效率和便利程度的问题。

（1）空间规划重点

确定格局之前，把想要收纳的东西先列出来，在空间有限的情况下，优先满足排在前面的需求。比如上边的案例，调整后的鞋柜满足了鞋子、小件杂物、雨伞的收纳需求，使用频率较高，挂衣区和换鞋凳没有安排在柜子里。

（2）关于挂衣服

是否有必要在玄关柜里设置挂衣区，这跟柜子的大小以及居住者的使用习惯有关。柜子足够大，在满足了基本的收纳需求后，还有额外的空间用来挂衣服，完全没有问题，或者你认为在这里挂衣服更重要，则需要把部分东西转移到其他地方，结合日常习惯考虑即可。

通常夏季的衣服要每天换洗，挂起来的概率不高。也就是说，秋冬季节才需要在这个地方挂衣服，南北方的季节有"时差"，如果你所在的地区秋冬时间长，那么挂衣区的使用率会更高。

回到家，把外套、包包挂上去，想象得很美好。结果衣服和包包堆在层板上，陆续有更多的东西出现在这个地方，跟你当初想的不一样。解决办法很简单，量好柜子尺寸，装上层板，放物品即可。

（3）鞋柜层板的高度

层板的高度由鞋子的高度决定。

15 cm 高：适合收纳拖鞋、凉鞋、休闲鞋、小白鞋、运动鞋等平底鞋。

20 cm 高：适合收纳高帮运动鞋、马丁靴、"烟筒"靴、切尔西靴、高跟鞋等。

25 cm 高：适合收纳高跟短靴、中筒短靴、雨鞋等。

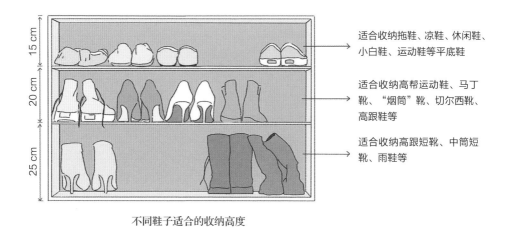

适合收纳拖鞋、凉鞋、休闲鞋、小白鞋、运动鞋等平底鞋

适合收纳高帮运动鞋、马丁靴、"烟筒"靴、切尔西靴、高跟鞋等

适合收纳高跟短靴、中筒短靴、雨鞋等

不同鞋子适合的收纳高度

其他的高度根据鞋子的数量和实际高度调整。如果准备定制鞋柜，还可以将层板做成活动式，根据实际需要调整层板的高度。

鞋柜整理的六个步骤

第一步：清空

把鞋柜里当季和换季的鞋子全部拿出来，如果鞋子很多，则需要大块地面摆放。

第二步：分类

鞋子的分类比较简单，首先把每个家庭成员的鞋子分开，再按照季节明显地区分开，在鞋柜方便取放的位置存放当季的鞋子。其他物品按照功能用途分类，收纳在抽屉或柜面上。

鞋子的整理现场

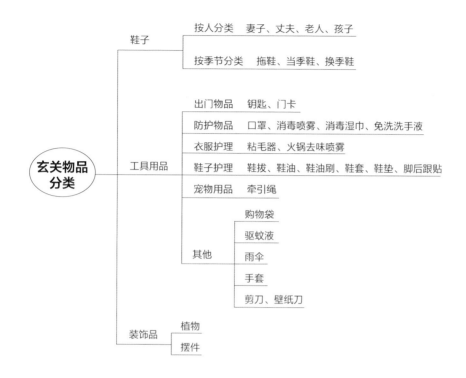

玄关物品分类

第三步：减少

鞋子摆出来以后，可以知道哪些鞋子常穿、哪些鞋子穿得不多，以及哪些鞋子长期放在柜子里没穿，被压变形、变硬、长霉斑等，根据鞋子的形态做出去留的决定。

顺手拿回家的传单、购物的小票，也容易堆积在这个地方，留下需要记账、报销和开发票的，其他纸质材料转移或处理掉。

第四步：收纳

◆鞋柜收纳

留下来的鞋子按照颜色、类别、高度分类摆放。比如平底鞋、高跟鞋、休闲鞋、运动鞋、靴子等。鞋柜的收纳可以参考下图：

①家庭成员的鞋子分开放，每个人都有自己的专属区域，小孩或老人的放鞋区需要考虑其身高和身体状况。

②根据鞋子的高度，将其收纳在不同的层板上。

③待客用的居家拖鞋、一次性鞋子，要有专门收纳的地方。

鞋子的收纳

◆出门常用物品收纳

玄关常用的物品是进出门要拿取的东西，比如门钥匙、门卡、车钥匙、购物袋、剪刀、笔、快递单、雨伞等。抽屉里的东西，要分门别类收纳。每次出门都要用的门钥匙、门卡、车钥匙，单独用个小盒子或者小托盘收纳并放在鞋柜上，避免每次出门到处找钥匙。

快递剪刀和文具刀，也要整整齐齐地放在抽屉里。每次高高兴兴地将快递拿回来，打开抽屉就能拿到拆箱的工具，心里舒坦。在玄关还有一类物品的数量较多——雨伞。长雨伞直接挂在鞋柜边上，不占空间，换了鞋直接拿走；短雨伞放在纸袋里，竖立收纳，方便拿出来、放回去。

雨伞收纳

第五步：舍弃

对于不想穿、不会再穿的鞋子，请翻看衣柜整理那一节，列举有 7 个闲置衣物的处理渠道，其中 6 个包含了鞋子，根据实际情况处理。

第六步：维护

将每天换下来的鞋子、用完的钥匙、门卡、剪刀等及时归位。每个季度集中整理一次鞋子，当季没穿过、不想再穿的鞋子要适时处理。

"玄关"一词最早出自《道德经》，玄之又玄，众妙之门。后来被用在室内空间名称上，意指通过此过道才算进入正室。如今，人们把它当成家和社会的角色转换之地，家是让人休息、做自己的地方，社会是展示自我价值的地方，玄关则是在提醒我们要学会转换角色。

本节小结

1. 优先满足玄关的重点收纳需求，通常是鞋子收纳。

2. 在鞋子较多的情况下，可以根据鞋子的高度调整鞋柜层板的高度，充分利用空间。

3. 玄关是家庭和社会的隔离之地，让这里井井有条，回家充满仪式感。

09 储物间，做好后勤工作，生活有保障

储物间，指的是独立的储物室或专门用来集中收纳杂物的地方。

在为客户做整理服务的过程中，我发现那些不常用的东西，例如日用囤货、换季的风扇、抽湿机、烘干机、行李箱、具有季节性的运动用品等，堆在家的各个角落和地面上。没有集中存放，看不见，找不到，用不上。其根本原因在于收纳空间不够用，实用的储物空间能有效解决这个问题。

储物间空间规划

（1）储物柜常见的样式

◆ **定制型**

适合新房装修或准备改造的家庭，提前考虑收纳物品的大小和数量，定制符合需求的储物柜。储物柜多数为木质，价格较高，承重力好且方便集中收纳。

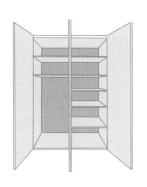

定制型储物柜

◆ **简易型**

利用墙面，装上轨道，并搭配层板，优点是只要是空白的墙面就可以安装，装半墙或整面墙都可以，层板的高度也能灵活调整，操作方便。特别提醒：需要打孔，对墙体有要求，安装前需咨询商家或设计师。

简易型储物架

◆**置物架 / 货架**

　　不定制也不用上墙，成品置物架或货架是最方便的选择，量好摆放空间的尺寸，再选择适合的置物架或货架即可，性价比高。

置物架 / 货架

（2）储物间的三个设计要点

　　①盘点哪些东西需要集中存储？是大件还是小件？数量有多少？需要预留多大尺寸？掌握这些信息，才能确定储物间的尺寸和布局。

　　②选择可自由调节高度的置物架，方便在需要的时候灵活调整高度。

　　③选择承重力好、性能稳定的材质，以免时间长了发生变形，带来不便。

储物间整理的四个步骤

第一步：清空

　　将储物间里所有的东西集中清理出来，放在宽阔的空间进行筛选，无论光线还是空气流通都比储物间好。储物间里的东西，由于很久没有使用，拿出来会有霉味，戴好口罩和手套。

　　清理完后，深度清洁柜子和置物架，看看有没有破损，需要维修加固的部分及时处理。

第二步：分类筛选

　　储物间里的东西杂、数量多，有大件，也有小件，从大件物品开始筛选。物品分为三大类：留下来的、待处理的和不需要的。

留下来的：

①过量的备用消耗类物品，比如炊具、餐具、食品、清洁用品、洗护用品等。

②过季物品，比如衣服、床上用品、电风扇、抽湿机、烘干机、节日道具等。

③其他用品，比如旅行箱、行李包、礼品、矮梯子、旅游用品等。

待处理的：

①送人的东西，集中放在一起。

②需要维修、清洁的。

③准备转移或者闲置处理的。

不需要的：

①不能再用、不会再用的。

②有时效性，已过期的。

③为一整套，但不完整、不能正常使用的。

第三步：收纳

把留下来的东西进行分类，将同类别的放在一起，按照使用频率以及物品的轻重安排收纳。最上面放重量较轻、使用频率较低的物品。中间位置是收纳的黄金区域，放用得比较多、替换频率高的物品。下面放重量比较大的、大件物品。

储物间里收纳的一般都是使用频率偏低的物品,选用储藏式的收纳工具,比如百纳箱、储物箱和开放式收纳筐。

百纳箱

储物箱

开放式收纳筐

①百纳箱收纳纺织品，比如过季衣物、被子、枕头、毛巾、公仔等。

②储物箱防尘、防潮且能有效阻隔空气进入箱内。

③开放式收纳筐收纳过量的食品、清洁用品、洗护用品等，取放方便。

④自身能站立的物品不用额外使用收纳工具，比如瓶装的酒水、清洁剂、抽纸、卷纸、礼盒等。

第四步：维护

相比其他空间，储物间需要维护的时间更少。

①消耗类物品：快用完的时候，按照使用状况及时补充即可。比如 2 个月用完一箱卷纸，那么在剩下 1 ~ 2 卷的时候购买新的即可。

②过季物品：换季时，把东西换过来即可，纺织品完全干燥以后再收纳。

③其他用品：用完归位。

特别说明：

①储物间空气不流通，有窗户的，可以多打开窗户通风。

②整理前，准备好口罩和手套，双重保护自己。

③准备大纸箱或大号袋子，装舍弃的物品。

储物间是来为你排忧解难的，不要拿它当你的避难场所。只有"后宫"安稳了，你的内心才能安住。

本节小结

1. 选择适合的储物间，将家里不常用的物品统一收纳。

2. 尽量在通风的地方，将原来摆放在密闭储物间的物品进行分类和筛选。

3. 放进储物箱的物品，记得打上标签，方便识别。

10 案例：用收纳建立有序的生活，让家人舒心自在

家的基本信息

使用面积：**140 m²**

户型：**4 室 2 厅 2 卫**

家庭成员：**夫妻 2 人（男主人 Lee、女主人 Jessie）+ 宝宝 1 人 + 阿姨 1 人**

在得知本书需要收纳图片后，Jessie 毫不犹豫地答应我去拍照，并在拍摄之前主动问我需要准备什么物料。在服务过的众多家庭中，这个家让我学会了谦卑。我数不清在整理服务的过程中，夫妻俩对我们说了多少次"谢谢"。现在还清晰记得第一次在他们的旧家整理完，两人站在门口满脸笑容不停地说着"谢谢"，目送我们离开。

我还感受到完全的信任，不仅把原来旧家的状态展示在我们面前，新家的收纳规划和搬

平面图

家整理也请我们参与其中。Jessie 跟我说，在旧家为期 4 天的整理中，被问到"什么东西常用、什么东西不常用以及要不要留"之后，她已经总结出了整理的规律，并且陪伴家人花了 5 天的时间来整理房子。

新家整理前一天碰到了 Lee，他说："上次你们整理后，很多东西都没用过，不准备拿那么多（东西）了。"你看，整理完清楚地知道日常需要什么、东西是否用过，搬家也变得轻松了。

本节大部分图片是在业主入住 7 个月后拍摄的，其间宝宝出生，家里新增了宝宝用品，接下来你会看到一个经过多次收纳调整的"样板间"。

衣柜

　　根据夫妻的作息习惯做收纳规划，确定了 Jessie 使用卧室衣柜、Lee 的衣服放在衣帽间，这样工作日 Lee 早起去衣帽间换衣服不影响 Jessie 休息。 以挂衣服为主，衣柜里没有多余的层板，只有挂衣区、储物区和抽屉。除了内裤、袜子，一年四季的衣服都挂起来。下图最左边为冬季厚外套、厚裤子，中间为衬衣、卫衣、长袖打底和长裤，右边为 T 恤和运动服；最上面储物区收纳换季被子、厚运动服；抽屉里收纳小件物品。

Lee 的衣柜　　　　　　　　　　　　　　衣柜局部收纳

儿童房

　　刚搬进来时，儿童房只有衣柜，房间里空无一物。宝宝出生后，增加了尿布台、婴儿床以及一张阿姨睡的小床，宝宝的日用品放在儿童房。将常穿的衣服统一挂起来，冬季的厚衣服收纳在百纳箱里，不常用的物品放在最下面的抽屉中。

宝宝衣柜　　　　　　储物柜

121

衣柜右边是开放式储物柜，专门收纳宝宝用品，比如备用奶瓶、理发器、清洁棉棒和奶粉等，统一收纳盒，分类清晰。等宝宝上学后，可以用来收纳书籍和文具等，跟随成长阶段的需求进行调整。

尿布台是功能"担当"，大人可以站着更换尿片，减少腰部活动，旁边用小号收纳盒装着抚触油等常用物品。下面的抽屉收纳纸尿片、包被、毛巾、小方巾等，就近收纳，方便取放。

尿布台

婴儿床

书房

书房包含办公、娱乐和收纳的功能，进门左边是整墙柜子，有藏有露。开放部分以装饰性为主，柜子里分为两部分：Lee的摄影器材、私人纪念品，以及Jessie的文件、办公用品。家电说明书类的资料用密封袋分类收纳，打上标签，方便查找。

书房

文件收纳

书房的设计亮点是利用飘窗做书桌，在家也能轻松办公。桌子下面有两个大抽屉，夫妻俩一人一个，文具用纸质分隔盒分类收纳，清晰又方便。

抽屉里的文具收纳　　　　　　　　　　书籍收纳

书房的另一面是走道，借用墙体空间做内嵌储物柜，书房里的书柜（书桌右边）使用与装饰墙同样颜色的柜门，消除存在感，也增加了收纳空间，主要收纳书籍和需要保存的单据。

将墙体一分为二，分别做书柜和储物柜

客厅

　　客厅的布局属于传统型，有沙发、茶几、电视柜，没有多余的物品，让人备感放松。电视柜是唯一的收纳场所，用分隔盒收纳各种数据线，分别贴上标签。宝宝出生后 Jessie 增加了围栏，作为和宝宝互动的区域，用玩具架分类收纳不同类型和大小的玩具。绘本架上收纳绘本，常玩的玩具用无纺布收纳筐摆放在围栏里，方便归位和取放。

　　Jessie 希望从小培养宝宝的条理性和收纳能力，注重打造一个易于收纳且井然有序的环境，让家成为孩子的生活教室，自己也在以身作则，成为宝宝的生活老师。

刚入住时的客厅（图片来源：易思维设计）

宝宝出生后的客厅

电视柜中的数据线收纳

厨房

U 形厨房实现空间最大化利用，冰箱、烤箱、消毒柜和洗碗机占用了大部分储物空间，剩余空间就近收纳了不同物品。

地柜：燃气灶左下角用带滚轮的收纳筐收纳不常用的煎锅，煮锅根据使用频率直接放在上层；抽屉里用可调节伸缩架收纳常用的煎锅，下面抽屉则用分隔盒将餐具分开，一目了然；备用的厨房纸和清洁布也分类收纳在不同的收纳筐里。

墙面：用挂钩将常用毛巾和抹布挂起来。

吊柜：不常用的碗碟成套放在柜子里，方便家庭聚餐时取用；不常用的干货用收纳筐集中收纳；五谷杂粮统一收纳在食品级储物罐中，一目了然；调料统一放在燃气灶右上方的柜子里，用可以 360° 旋转的收纳盘收纳，可轻松拿取调料。

厨房各区域收纳

125

冰箱

　　双开门冰箱，一边放生的菜，另一边放熟食。每周买一次菜，未拆封的菜用原来的包装，零散的蔬菜放在牛皮纸袋里；瓶罐装的酱料和袋装的酱料用收纳盒分类，直接拉出来，不用反复寻找；肉类和速冻面食分类站立收纳，方便取放。

冰箱的局部收纳

餐厅

　　餐厅是家里最放松的地方。餐边柜以装饰性为主，带有少量收纳空间，放了常用的小工具，比如牙线、针线、指甲钳等。小推车承担主要的收纳功能，例如零食、水果和隔热垫等，将餐桌清空。夫妻俩偶尔在这里办公，幸福感满满。

　　餐边柜旁边放了一个落地架，用来挂宝宝的教具，婴儿推车也放在餐厅，吃饭时宝宝躺在里面，看跳舞人仔，和父母在一起更有安全感。

小推车

餐厅

卫生间

做空间规划时，Jessie 确定不会在卫生间里化妆，所以没有预留护肤品的收纳空间，将洗手台下方的柜子做成抽屉，用来放面膜，洗漱后直接取用，最大限度使用空间。

洗手台下抽屉收纳

台面上使用托盘收纳，将漱口杯、牙刷和洗手液统一收纳，打造舒适视感的途径就是统一 ——统一颜色和款式。吹风机的使用频率较高，用收纳架上墙，既避开水源，也给吹风机一个专属的"家"。

淋浴区提前做了壁龛，洗发水、沐浴露等洗护用品使用统一的分装瓶，整个空间简约又舒适。

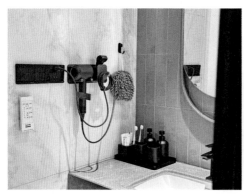

洗漱区墙面收纳

淋浴区壁龛收纳

玄关

　　玄关有一个整体鞋柜，底部留有25 cm高的空间，放常穿的鞋子，不用经常开关柜门，夫妻俩的鞋子放在不同的区域。另外，家里常常聚餐，客用的拖鞋也有专门的收纳空间，朋友来到家里，能快速找到拖鞋。

　　靠近门口的柜子专门收纳出门用的物品，比如口罩、酒精、湿巾、车钥匙和门卡等。还有一个特别的地方，将常穿的袜子也放在鞋柜里，出门时不用再回房间寻找，缩短出门动线。

鞋子收纳

出门常用物品收纳

袜子收纳

储物柜 1

书房外面的储物柜，利用墙体增加了收纳空间，柜子深度为 40 cm，将柜子分为工具区和纸巾存放区，盘点好确定要用的工具，比如小件工具、吸尘器、洗拖地一体机、除螨仪等，以及聚餐时要坐的凳子，根据物品的尺寸预留收纳位置。

下图左边柜子里用洞洞板收纳吸尘器及配件，能上墙的都上墙，预留了插座，方便后期直接充电。右边柜子里收纳备用纸巾和各类小工具，层板用分层置物架一分为二，并用收纳筐将每一类小工具分开，比如挂钩、电池、胶水等。

嵌入墙体的储物柜

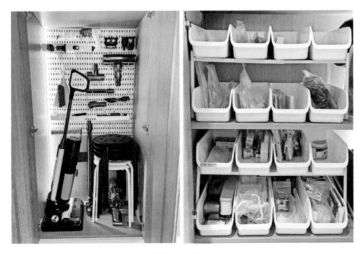

储物柜的收纳

储物柜 2

在客厅和餐厅进入房间的过道上，同样在墙里"长出"一个小的顶天立地储物柜，深度只有 16 cm，作为餐边柜的补充，收纳零食、饮料酒水、茶叶和保健品等。

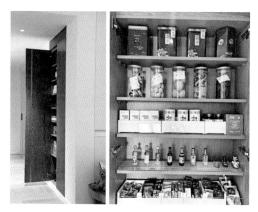

零食柜收纳

由于柜子较浅，部分层板前方用亚力克挡板遮挡，避免东西掉落。每一类物品放在不同的层板上，饮料、酒水放在最下面，茶叶放在最上面，小瓶酒作为展示，让空间更有呼吸感。拆开的零食用收纳筐分类放在方便取放的位置，小朋友和大人都能一目了然。

储物柜位于客厅和餐厅的过道上（图片来源：易思维设计）

阳台

　　阳台的一边是生活区，另一边是"诗和远方"。生活区包括洗衣、晾衣区，洗衣机和洗水池柜中间有一条15 cm左右宽的缝隙，放置10 cm宽的夹缝小推车高效利用空间，收纳洗衣液、衣物护理液等。

　　水池下方的柜子里放有分层置物架，将地垫和洗衣袋分开，既卫生又方便。柜子左边有一个可伸缩的缝隙挂钩，用来挂剪刀，不占用空间，轻松取放。洗衣机对面是小型家政柜，集中收纳清扫工具，比如拖把、拖筒、各种刷子和备用的毛巾。同样用洞洞板将刷子挂起来，互不打扰。

　　生活区的对面是"诗和远方"，听说Lee每天下班后喜欢到这里吹风。这里没有封窗，景色惬意，白天的疲惫和烦恼在柔和的灯光里、在微风里得到抚慰，这是舒适空间带来的滋养。

10 cm 宽的夹缝小推车

水池下方柜子的收纳

家政柜中的洞洞板收纳

家里的"诗和远方"

我始终认为收纳是一件很私人的事情，就像这个家，从旧家搬到新家，同样的东西收纳位置和形式都发生了改变。正因为如此，家也体现了业主独特的品位和气质，以及对待生活的态度。

你的家是你个性的外在展示，你希望成为怎样的人，从给自己打造一个怎样的家开始吧！

本节小结

1. 家里的大件家具尽量统一风格或格调，让房子看起来更加舒适。

2. 化零为整，用储物柜将大部分物品收纳进去。

3. 提前做空间规划，用收纳助力有序的生活。

第二部分

改变看不见的世界

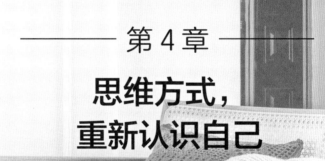

—— 第 4 章 ——

思维方式，
重新认识自己

01 适度囤积，拒绝浪费，告别内在匮乏

在自我探索的时候，发现我有个潜在特征：喜欢囤东西。我心里想"不可能啊"，家里每个地方都跟囤东西扯不上关系。想了很久，终于找到了我囤的东西——知识。从2016年到现在，我一直不停地为知识付费，上线上课、线下课和买书。

最疯狂的时候，一个晚上有2～3节课，做笔记、截图，如果没做好笔记，还要重听，生怕把老师讲的知识点遗漏了。为了确保笔记的完整性，笔记本上记一轮，在电脑上用思维导图再梳理一遍，才心满意足地结束一节课。我的手机和电脑里关于学习资料存了差不多20G的内存。做完笔记后，文件夹根本没再打开过。

看到这里你可能会觉得我是一个很爱学习的人，实际上不是，我只是不停地听课。我以为听完课就能掌握知识、学会技能，结果并非这样，只是花钱买了课，花了时间听课而已。意识到囤了这么多课以后，我认真思考自己发生了什么事，才做出这样有意识的囤积行为。

从上小学开始我和父母便分开了，父母在外做生意，我在老家跟着爷爷奶奶一起生活。小时候我听到过最多的话是："你爸爸妈妈在外面赚钱，供你上学不容易，你要好好学习，考上好大学，找份好工作。"因为这句话，我不敢不好好读书。为什么不敢？因为会内疚，他们为了让我上学已经付出了很多，我不允许自己学习不好，成绩不好对不起父母，他们也不会再回来。

对知识有强烈的欲望，从小学到大学都在兢兢业业地学习，可以说我的青春都用来考试了。我不是一个聪明的孩子，思维不活跃、学东西慢，只能说是一个勤奋的学生。工作后发现书本里的知识在工作场合能用上的不多，于是对职场的知识有了更多渴望。渴望没有尽头，便是我囤积知识的开始。

囤积知识的背后是"我不够好"，"我不够好"来源于小时候的分离创伤。所以为了证明自己，我需要很多知识，有了知识才能说明我足够好。

以上是我囤积的体验。在日常生活里，更多人囤的是看得见的东西：老人囤塑料袋、塑料瓶、包装盒；年轻人囤超出生活刚需的日常消费品，比如衣服、书、护肤品、纸巾等；小孩囤玩具、卡片等。

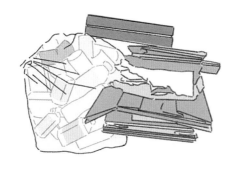 

不同年龄段囤积的物品

囤积的五个原因

（1）获得安全感

因为缺乏安全感，所以通过囤粮食、必需品来保障生活，这在哪个年代都存在过。俗话说"手中有粮，心里不慌"。"新冠疫情"的发生唤起了大家对相应物品的需求，我们都经历过囤口罩、药品和各种防疫物品，之后囤菜、日用品。充足的物资保障了日常生活所需，缓解了部分焦虑和恐慌，满足了我们对安全感的追求。

（2）感情需要

家里的东西，除了使用价值，还有情感意义。附着情感意义的物品，见证着重要事情的发生，维系着和他人的关系。关系发生变化后，人们将对人的情感转移到物品上，难以舍弃，因此大量囤积。这些囤积行为旁人难以理解，但对囤积者来说有不可替代的情感意义。

（3）害怕做错的决定

丢掉的东西，发现要用的时候没有了，慌张又自责，总是跟自己说："早知道当初就不扔了。"潜台词是"要是不这么做，我就不用面对这个糟糕的结果"。因为丢错一次，宁愿把所有的东西都囤在家里，也不愿意再次承担错的决定带来的后果。

还有选择困难症，不知道选哪个好，害怕选到不好的，因此都想留着。这也是对自己的不确定，不知道自己有哪些解决问题的能力，也不知道自己真正想要什么。

（4）情绪转移

通常在生活里遇到挫败、经历不如意、情绪低落时，囤积物品的冲动比情绪平稳时要高涨得多，将情绪转移到物品上。小时候很想要却没有得到的东西，让人产生了匮乏感。有了经济能力后，每次感觉匮乏时，会买同类东西或者重复同样的行为，通过获取大量物品来寻求补偿，就像我不停地买课一样。

人在圆满的时候是不会下意识地囤东西的。

（5）自我延伸

想买更多东西、赚更多钱、拥有更多，抓住这些外在东西，让它们成为自己的一部分，让自己因为这些东西实现自我延伸。获得的可能是名声、权力、成功等，从而满足某种心理需求。不可否认，物质很重要，人需要物质的支持来达成目标，但只有发展深度关系，物质才能真正附着于你的品质，时常使用、珍惜维护，需要投入时间、精力，甚至情感，就像人和人之间的关系一样，你对我好，我对你好，彼此珍惜。

"是什么"和"为什么"比"怎么做"更重要。囤积不可怕，比起怎么解决囤积这个问题，我认为了解囤积背后发生了什么事情更重要。

囤积的影响

无论环境空间还是内在空间，囤积都会带来不可忽视的影响。

（1）压缩生活空间

无论房子有多大，空间都是有限的，家里大部分空间摆放没用、没价值的东西，空间的使用功能就会受到限制，生活空间也会被压缩。比如餐桌上摆满东西，就没有地方吃饭。

无法正常用餐的餐桌

（2）造成家里混乱

囤积和收藏不同，收藏品都被收纳得井然有序。囤积的大部分东西都是混乱摆放，空间拥挤，空气不流通，柜门打不开；有些地方甚至走动都很困难，导致家里混乱不堪。

（3）浪费金钱

所有东西都是用钱换来的，钱都浪费在那些不能再用的、过期的、重复购买的东西上。

（4）产生羞耻感

常年囤东西的家庭往往都不是整齐有序的，而是杂乱无章的，有些人会因为"我家很乱"产生羞耻感。

（5）影响人际关系

家里环境乱的人内在秩序通常也是混乱的。在与人交往的过程中，容易被带偏，没有稳定自己的情绪，可能是讨好，可能是以自我为中心，不能好好地处理人际关系。

（6）给家人的生活带来不便

囤积占用了大量空间，不仅影响家人的日常生活，也影响了对方的情绪，造成生活困扰，甚至对家庭关系产生不好的影响。

解决囤积的办法

我认为适度囤积是健康的，过度囤积则是需要注意的。

（1）适度囤积

为了保障正常的生活，合理储备生活必需品。适度储备的好处如下：

①省事。购买家庭日用品是一种隐性家务，适度储备物资，减少因购买花费的时间，以及收快递、拆包裹的碎片时间和精力。

②省钱。打包价总比单件的价格更便宜，打包买，省钱又省事。

具体操作方法如下：

①整理家里囤的东西，了解各类物品有多少。

②不熟悉家里必需品的用量时，记录开始使用的日期和用完的日期，通过打标签或用手机、笔记本记录。

③找到家里必需品的"适量值"，结合空间的收纳容量制订购买计划。

④口粮建议囤 1 ～ 3 个月的量，洗衣液、抽纸、洗洁精等日用品最好不要囤超过半年的量。

（2）过度囤积

适度囤积和过度囤积的分界点是有没有影响正常的（家庭）生活，以及是否影响生活的安全性和舒适度。操作建议如下：

①旧的东西没用完之前不买新的。

②从经常活动的小角落开始整理，比如餐桌、茶几等，先分类（不强调扔东西），有利于了解和管理家里物品的实际情况。

③在能轻松接受的前提下，丢掉不能再用的东西。

④把剩下的东西分类收纳在合适的位置。

⑤如果没办法自己整理收纳，收纳过程中感到很难受或情绪激烈，建议寻求专业的心理辅导。

面对老人的囤积，我的经验是：

①在保障生活和生命安全的前提下，不反对、不指责。

②设定一个地方集中囤放，平时也积极支持，快递箱、饮料瓶主动攒起来，后期将废物拿去卖掉换钱。

③不擅自丢东西，避免加重囤积者的情绪反应，以及继续囤积的可能。

适度囤积是对生活的观察和一种生活技能，过度囤积则是内在情绪状态的外在表现。把过多的关注点放在物品上，造成注意力分散。注意力就是生命力，关注什么，你就会得到什么。家里装满没有用的东西，不但看不见喜欢的，也没办法盛载你当下喜欢的东西。只有先放下，才能拿得起。

本节小结

1.如果你有囤积行为，尝试回想自己的囤积经历，并分析囤积原因，从根源上解决问题。

2.通过观察和记录，了解家里物品的使用情况，适度囤积日用品。

3.无法通过整理收纳解决的囤积问题，寻求专业的心理辅导。

02 "买买买"，背后藏着你的深层心理需求

你还记得第一次听到"买买买"这三个字是什么时候吗？自从有了各种各样的购物节，"买什么"成了很多人打招呼的方式和聊天的话题，"买买买"变成了日常生活的活动。每天空闲时不是在买东西，就是在收快递。冲动消费，买一堆非必需的东西堆在家里，给生活的方方面面带来影响。

开箱拆快递

①占用生活空间。空间是有限的，从柜子到地面、桌面堆满物品，你的家沦陷为杂乱无章的"仓库"。

②浪费金钱。买东西总得花钱，无意识地花钱，钱可能就浪费在了那些东西上，还可能带来经济负担。当自己的购买欲望超出支付能力的时候，花未来的钱买不需要的东西就是一种不必要的浪费。

③情绪影响。那些因一时冲动买回来的东西，收货后会继续消耗你的情绪，花钱后愧疚，收拾时烦躁等。买东西受情绪驱使，买的次数多了，快乐反而会减少。

"买买买"的深层原因

买东西这个动作很简单，不停地买的背后却有着不简单的原因。

（1）获得掌控感

小时候想要的东西没得到满足，或者养育者限制花钱，在生活中被大人控制，不能做主，等到有经济能力后通过买东西来获得掌控感。买什么、买多少、花多少，完全自己说了算，自由的感觉很上头，不受任何人控制。

越得不到越想要，这种感觉不会消失，只会随着时间推移慢慢地被放大，时机成熟了，"想要"的种子长成不停"买买买"的果实。

（2）补偿心理

很多父母的大部分时间和精力都用来赚钱，缺少对孩子的陪伴。孩子要什么买什么，通过物质来补偿情感缺失。从小被补偿惯的孩子，将物质等同于父母的爱和陪伴，心里感到孤独、无助的时候，通过买东西来获得短暂的安心，满足对爱的渴望和需求。

还有一种是过去过得太苦了，读书很辛苦，工作很累，日子过得不如意，通过买东西把吃过的这些"苦"加倍补回来。

（3）社交功能

无论成年人还是孩子，都会通过购买行为来满足社交需求。从小朋友的玩具卡片到成人的衣服、手机、电子产品等。一种物品代表一种社交属性，就像同好社群，因为某种产品建立的交流群，大家分享自己的使用方法和经验，放大产品使用功能的同时，群友们也因为买这个产品有了交流的话题，发生更多社交链接。

就算不是买同样的东西，光是买这个行为就能产生足够多的话题，买什么、在哪里买、怎么买便宜，而"买"只是个开始。

（4）积极的心理暗示

很多事情在发生之前，通过购买想象使用时的画面和场景，会产生积极的心理暗示。我们家重要的聚会开始之前，总会列个菜单，准备买什么菜，看着菜单想象和家人们吃饭的样子，光是想这个场景心里就觉得很温馨，期待那一刻的到来。

需要注意的是，一些家庭确实有很多因为预想而买回来放在家里闲置的家电，比如豆浆机、咖啡机、榨汁机、烤箱、跑步机等。想象物品在家里的使用场景的同时，也要结合日常生活习惯、时间以及自己的真实使用需求理智购买。

如何更好地"买买买"

（1）找到"买买买"的原因

除了买生活必需品，很多东西是受到情绪影响而购买的，情绪是重复出现的，买东西的心理需求也会重复发生。例如补偿心理，小时候没有新衣服，总是穿姐姐的衣服，感觉自己没有受到重视和关爱。长大后，每次有被忽略、感受不到被爱的时候，会无意识地打开手机，不停地浏览衣服的图片，直到下单买到新衣服。回头一看，房间里的衣柜早已装不下，衣架挂得满满的，想整理又无从下手时，会觉得自己不可思议：买那么多衣服又不穿，多浪费。思考仅在那一刻发生，过后还会忍不住买更多。

每次有买东西的冲动时，留意发生了什么事情、有哪些相似的经历、是什么感受，导致你忍不住买东西，找到深层原因，才能停止无节制、无计划的购买。

（2）区分"需要"和"想要"

"需要"针对的是为了维持正常生活和生存所用到的物品；"想要"针对的是非必需品，有了锦上添花，没有也不影响生活。每家每户的需要不同，南方人主食吃大米，北方人主食吃面食。你的需要不一定是别人的需要，先确定自己的需要，避免跟风购买。

另外，"需要"和"想要"在不同阶段会发生变化，没有唯一的标准。上学时价格贵的鞋子、包包、衣服是你想要的，到了工作或特定场合，它们也许就变成了必需品，用来满足特定需求。学会区分哪些是需要的，哪些是欲望驱使的"想要"，在满足生活需要的前提下，再适度地满足"想要"的欲望。

（3）列购买清单

买生活必需品之前列一个购物清单，无论上网买还是去超市买，直接找清单上的东西，逐一放进购物车，不买清单以外的东西。用清单的方式提醒自己需要什么，可以省下买不必要东西的钱，以及打理的时间和精力，一举多得。

面对那些想要的东西，同样可以列清单，我称之为"愿望清单"。这个清单是对自己的奖励，不仅可以带来动力和意义，还能帮助自己确定是真的想要还是一时兴起的想法，从而认识到以往不健康、冲动的消费习惯。

（4）分类设定账户

将日常生活支出和"愿望清单"的账户分开，最好定期把收入按照自己的预设比例或金额划到不同的账户里。日常生活支出账户用于生活必需支出，包括衣食住行等；"愿望清单"以外的生活消费和设定的消费项目，都用"愿望清单"的账户支出。

"愿望清单"支出账户：收入的一部分放到这个账户，作为"欲望资金"，里面所有的钱都可以用来支付"愿望清单"的账单。为了增加消费难度，"愿望清单"的账户不开设网上支付功能，只有储蓄功能，确定要用的时候，先跑一趟银行，或存现金，用起来不那么方便的情况下，会思考自己是不是真的想要。

账户金额的分配没有标准答案，是保障需求延迟满足欲望，还是降低需求供给欲望，每个人都有一杆秤。购买原则如下：

①买需要的。这件东西是需要的吗？确定是的话再买。

②买喜欢的。我喜欢这个东西吗？从 0 分到 10 分进行打分，分高的可以买。

③买一件去一件。新买一件衣服，拿出一件旧的处理掉。

④买回来就要用。无论便宜还是昂贵的，不管出于喜欢还是需要，买回来就拆掉包装，第一时间用起来。

本节小结

1. 挖掘"买买买"背后的原因，才能停止无节制的消费行为。

2. 有规划地花钱，就是培养掌控力，实际也是掌控自己的人生。

3. 聪明人花钱是投资，普通人花钱是消费。

03　扔东西，从扔掉垃圾开始

　　如果给整理收纳可能遇到的障碍排个次序，"舍不得扔东西"是排在最前面的，不仅是障碍，对有些人来说，这 6 个字简直就是收纳的"终结者"。将整理收纳等同于扔东西，这个行为还没开始就结束了。

　　关于扔东西，常遇到的说法有："扔掉好浪费""这还能用，先留着吧""这要是丢了，万一想用的时候怎么办"。

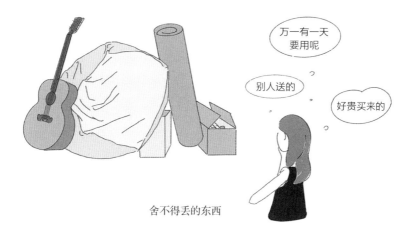

万一有一天要用呢

别人送的

好贵买来的

舍不得丢的东西

（1）"扔掉好浪费"

　　扔垃圾没人觉得浪费，对于那些还有用和没用过的东西才会觉得扔掉浪费。"浪费"的定义是：不恰当或没有节制地使用人力、财物或时间等。从这个层面来看，扔掉还能用的物品确实有浪费的嫌疑。

　　东西还能用却放着不用，何尝不是另一种浪费？浪费的不仅仅是物品本身，还有空间、打理的时间，以及犹豫这个东西是留还是丢所耗费的心力。

（2）"这还能用，先留着吧"

"还能用"说明物品的使用功能正常，总是根据物品能不能用来决定要不要留着它，而不是因为"我需不需要、喜不喜欢"，这也是导致家里东西越来越多的原因之一。

所有的东西都有特定的使用功能，购买它们不是为了让生活变得更加便捷，就是为了愉悦心情。除了收藏品和资产类物品，其他基本都是消耗品，只有用起来，才能发挥它们的价值。如果不用，就流通出去，给家里腾出空间，是它们能为你带来的最后价值。

（3）"这要是丢了，万一想用的时候怎么办"

仔细想想，"万一"真的会来吗？人有担忧是很正常的，美国密歇根大学曾经做过一项调查，有 60% 的担忧是毫无根据的，20% 的与过去发生的事情有关，10% 的不影响生活，5% 的是不明确的担忧，剩下 5% 的担忧才真有可能发生。那么，为了未来不确定的 5%，牺牲当下生活的更多可能性值得吗？

过去　　　　　　　当下　　　　　　未来

从上面的时间轴来看，把圆点往左边移到"过去"的位置，"当下"是"过去"的"未来"，那么你觉得"过去"留下来的要用的东西，"当下"有用过吗？如果用过，那么用过几次？将圆点往右边移到"未来"的位置，"当下"是"未来"的"过去"，如果把所有的东西都留下来，"未来"的你同样要经历"当下"所经历的一切，甚至是累积的结果。

当下是过去，也是未来。过去已经成为事实，改变不了，但可以从当下开始改变。当下改变了，未来也跟着改变，希望你有改变的勇气。

取舍是一次次的选择

人生是不断选择的结果，取舍是一次又一次地做选择。舍得是两面一体，有舍有得。

舍弃家里无用的物品，得到一个舒适整洁的居住环境，提高生活效率，让家变得温馨美好；舍弃不知道哪天要看的书，得到精神上的自在和富足，积蓄力量更好地成为自己；舍弃非理性的执念，不被杂念影响，不被情绪左右，得到成长和幸福，拿回人生的主动权；舍弃不喜欢、不需要的，生活才可能变成喜欢的样子。选择的力量在于你可以选好的，也可以选不好的，无论好坏结果都由自己承担。

更高的标准成就更好的选择

每天早上醒来就开始做选择：今天穿哪件衣服，中午点外卖还是买菜做饭，租房还是买婚房等。有些选择是无意义的，对生活影响不大；有些选择有重要意义，我们的人生因为它们而变得不一样，选择的标准跟生活目标有关。

（1）没有明确的目标

当没有明确目标的时候，容易冲动做无意义的事情，跟随别人消费自己的人生，为别人的目标服务。不知道自己想要什么样的生活；不清楚自己需要什么东西；别人说某种收纳用品好用，不思考跟风买。哪怕每次买回来的东西最后闲置，下一次还是心存幻想：万一有用呢？

任何时候的改变都不晚，如果你觉得自己没有目标，那么从现在开始设定自己的目标。购买之前先思考是否喜欢、需要，这也可以成为你的小目标。

（2）有短期的目标

柜子乱，想买收纳盒收拾好；东西多，想扔掉一些，让家变得整齐。以此为短期的目标的话，我想恭喜你已经开始注意家里的秩序，并且试图修正和处理混乱。如果真正想做这件事，那么问题已经解决了一半，从"家里东西多又乱"的抱怨变成"我可以做点什么"，用行动创造新的秩序，让居住环境变得有序。

　　短期目标容易陷入解决问题的漩涡里，不停地解决问题。可以设定长期目标，将它分解成不同的短期目标，让短期目标为长期目标服务。

（3）有明确的目标

　　知道自己想要什么样的生活，包括住宅装修的风格、喜欢和需要的东西，也知道自己想成为怎样的人。在这种情况下，但凡不能为目标服务的人、事、物，都不会成为做决定的障碍。真正想过极简生活的话，不会每天都盯着直播间、购物平台，总想着买点什么东西才不会吃亏。

　　有明确的目标，目标越大，困难就越小。想去爬山，登顶后一览众山小是目标，在山脚下先迈左脚还是右脚，走路还是坐观光车都不重要，这些行为都是为了登顶。始终为明确的目标奋斗，不被外界的风吹草动所影响，保持内心的诚实，对自己的目标忠诚。

（4）有更高的目标

　　在日常生活的基础上，服务和回馈社会，为美好的生活而努力奋斗。典型的例子：可持续的环保生活。践行"零杂物"的朋友们，为环保贡献自己的力量，尽可能不产生塑料垃圾，以环保袋代替塑料袋，用水杯代替瓶装水，能动手做的就不购买等。可持续的生活对自然环境、海洋生物、人体健康都有极其重要的意义，因此，人们很享受持续奉行绿色生活，并以此为生活指南。

　　目标基本上等同于行动和做选择的指导方针，设定生活目标就是在做选择，你希望过怎样的生活，以此为目标，并为此付出。要知道选择也意味着失去，得到最想要的而不是全部。

扔掉东西的四个阶段

　　当生活被无用的物品和无意义的事情包围时，只能手忙脚乱地解决这个问题，再解决下一个问题，每天围绕解决问题展开，很难看到自己喜欢的东西和生活本来的样子。只有将无用之物舍弃，喜欢的东西才会显见。扔掉东西有下面四个阶段：

（1）扔掉垃圾，获得空间

　　扔垃圾对大部分人来说完全没有负担。实际上，在整理收纳的前两年，扔掉的东西基本都是垃圾，有以下五种常见的物品：

①过期的食物，包括食材、零食、调料、饮料、保健品等。

②过期的化妆品。

③不能正常使用的物品，比如变钝的工具、缺零件的配套用具等。

④不合适的物品，比如尺寸不合适的衣服、磨脚的鞋子等。

⑤用完的物品，比如快递箱、袋子、瓶瓶罐罐、包装盒等。

　　没用也不会再用的东西，不需要花时间和精力思考是否保留，扔掉时也不会后悔，拿起大号垃圾袋毫不犹豫地往里面装。

舒适的餐桌

（2）扔掉负担，获得轻松

东西完好无损、功能正常，但很久也不用一次，放着占地方，收拾又耗体力。

①现在不用：东西太多，用不过来，因使用体验感不佳而闲置，本来想用但一直没用。要下定决心扔掉这种物品。

②曾经有用：曾经需要、喜欢的东西，现在不需要、不喜欢。

③日后可能会用：比如万一哪天要看的书、瘦了再穿的衣服。不把希望寄托在不确定的未来，而是把当下的每一天过好，扔掉为"未来"留下来的东西。

对于曾经犹豫留下还是扔掉的东西，现在不要让这些东西消耗宝贵的时间和精力，思考自己真正需要什么，不再被这些东西"绑架"，让生活变得轻松。

（3）扔掉障碍，获得自在

阻碍你前进、变得更好的事物，都有可能成为生活里的障碍。

①带有不好回忆的物品：附着情感意义和象征作用的物品，每次见到它都会引起强烈的情绪，带着勇气和它告别，开启新生活。

②让你感到不舒服的事情：直面不舒服的感觉，化解问题；如果没有准备好，不妨把事情放下，先放过自己。

③消耗你的人：输出负能量、一味向你索取、让你感觉自卑、让你自我怀疑的人，能远离就远离。

主动扔掉这些，你会获得一份自在。从这里开始，为自己的人生负责。

（4）扔掉执念，获得幸福

有一句话是这样说的："人除了身体上的疼痛是真实的，其他的痛都是你想出来的。"已发生的事情其实是一体两面，非理性的信念带着你看到事情坏的一面，你以为那就是事实，而忽略了好的一面。根据吸引力法则，关注坏的一面，只会吸引更多坏事发生。

丢东西不是整理的目的，也不应该成为整理的阻碍和否定自己的理由。另外，与其责备自己舍不得扔东西，不如接纳舍不得丢东西的自己，毕竟得到已经得到的也是一种确定的能力，鼓励和肯定做到的部分，比犹豫丢什么更能滋养心灵和有力量。

厉害的人不是懂得坚持，而是知道放下；对于放不下的，那就学会放好。

本节小结

1. 设定目标，让选择为达成目标服务。

2. 走出"扔东西"的误区，扔东西不是整理的目的，留下喜欢的才是。

3. 从扔垃圾到扔执念，需要时间和过程，结果是把散落在外面的自己召唤回来。

图片来源：易思维设计

第 5 章

情绪，构建新的
内在空间秩序

01 自主，告别拖延，开始动手整理

看到别人把家整理得很好，萌生出"把自己家整理好"的念头，满怀期待地想过上和别人一样井然有序的生活。于是在网上搜索："家里乱怎么收拾""收纳好物推荐""衣服怎么叠更省地方"。刷完一轮视频，又开始买收纳盒。时间一天天过去了，收纳盒买了又买，还没有开始动手整理。但心里很坦然，安慰自己说："我知道怎样整理了，还买了收纳盒。"

"把家整理好"这件事，因为没有合同约定或承诺最后的完成时间，所以一拖再拖，即使不做，也不会受到惩罚。下次找不到东西时，又决定把家整理好，一次又一次地决定，一次又一次地拖延。

明明想整理，却迟迟未开始，是什么原因呢？

迟迟未动手整理的原因

（1）畏难情绪

认为"把家整理好"这件事比较难：

①难做好：平时努力收拾，每次收纳 3 小时，弄乱只用 3 分钟，收纳好后很快又乱了，没有得到正向反馈。

②难完成：一个人把整个家整理好，辛苦劳累，不知道要整理到什么时候。

③难下手：家里东西多、地方小，没学过有效的整理收纳方法，不知道从哪里下手。

感觉收纳难做时，会选一些相对容易的事情去做，比如去看别人整理收纳的视频、买收纳盒等，逃避困难。

（2）抵触心理

身边人觉得自己应该去整理，并不是自己真的想做，比如伴侣的要求、父母的指责就算能整理好，就算刚好也想把家整理好，但是为了反抗这份要求和指责，也选择不去做，不任由对方摆布。

（3）追求完美

总想着把收纳盒买齐，把整理收纳的方法学完，学会扔东西，等万事俱备的时候再开始。想一次把家整理好，让家瞬间变得整整齐齐，害怕做不到完美。如果做不到，宁愿一直拖着。明明有机会早点过上井然有序的生活，由于拖延一直住在凌乱的房子里，过着手忙脚乱的日子，真是太可惜了！

告别拖延，开始整理

（1）拆解整理收纳的目标

一口吃不掉整个蛋糕，吃蛋糕的正确方法是：先切一小块，再一口一口地吃，才能把蛋糕吃完。整理收纳也一样，动手之前先拆解目标：

①全屋有几个区域？
②每个区域有哪些类别的东西？
③预计花多长时间来整理？

把看似难以完成的全屋整理，拆解为相对容易完成的一个区域、一个柜子和一个收纳盒等的整理。今天整理茶几，明天整理电视柜，这样的小目标比"把家整理好"更具体，也更容易实现。拆解完，再动手整理。所有拖延的事情都可以拆解到最小化，是可以完成的。

（2）先完成，再完美

坦白地讲，专业的整理收纳师都很难一次把家整理好，收纳好的东西终归要使用，使用的过程中如果觉得不方便，还会调整收纳位置和方式。生活是动态的，收纳跟着生活需求的变化而变化。不妨先彻底把家整理一次，了解和掌握基本情况，再在这个基础上一点点完善，向你认为完美的方向靠近。

整理收纳的好处在于只要动手就能得到反馈，扔掉无用的东西会立马腾出空间，看起来清清爽爽的，心情也变得愉快轻松，更有动力继续整理。从容易下手的地方开始整理，在整理的过程中收获越来越整齐的家。

（3）设置阶段性奖励

选择做更容易的事情，实质上是在享受一种短暂的即时性奖励。把家全部整理好，会花费时间、精力和体力，如果没有强大的意志力，不太容易坚持到底。

设置阶段性奖励，比如什么时候完成哪些地方的整理，便奖励自己想要的东西或者一直想做但没做的事情，可以拿"愿望清单"里的东西作为奖励。给不同的整理目标设置对应的奖励，以提升行动力。越想实现的"愿望清单"配对越难完成的整理任务，完成的概率越大。这种奖励比即时性奖励更有意义，带有成就感，能增强自信，拖延的冲动和欲望会慢慢消失。

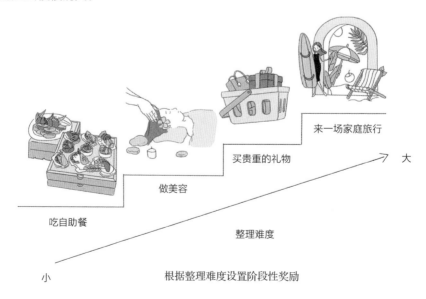

来一场家庭旅行

买贵重的礼物

做美容

吃自助餐

大

整理难度

小

根据整理难度设置阶段性奖励

电影《余生的第一天》里有一句经典台词："你总是喜欢把事情拖到第二天，你不能总是这么拖了，有一天，你会有很多事情要做，你的余生都不够用。"

拖延的实质是逃避不舒服的情绪，用短暂的快乐和想象中美好的画面来给大脑打一针麻醉剂，以此逃避真正重要的事情，逃避思考和责任，不仅影响事情的正常发展和结果的质量，还会让人变得犹豫不决，失去生活的自主感。找不到自主感，人就会变得拖延，进入恶性循环。

主动为自己的人生负责，在一次次的"做到"中巩固自己的确定性，提升自我价值，获得成就感和价值感，拿到高级奖励。这份奖励正面激励自己去采取更多行动来完善自己，进入良性循环，从此消灭拖延。

本节小结

1. 做难而正确的事情，比如把家整理收纳好，只要动手，就能得到反馈。

2. 将全屋整理拆解为每一个柜子的整理，减少完成的压力。

3. 整理没有终点，每一次的收纳行为都是向更好的生活靠近。

02 自洽，突破整理的半途而废

有些人怀着把家整理好的期待，按照自己掌握的整理知识，兴奋地撸起袖子开始整理，大约一个星期后，整理的热情开始退减，坚持不下去了。于是用各种理由来为自己的半途而废找借口，"把家整理好"最后也不了了之。

整理做不好时，批评指责自己，"早知道就不买那么多了""我怎么什么事情都做不好""我真的太懒了"，或者将责任往外推，"被整理师'割韭菜'了""那些人的方法都不行""收纳用品不好用"等。无论对内指责批评，还是对外推卸责任，其实都是一种较劲，让自己过得拧巴。

用自洽化解负面情绪

关于为什么会半途而废这个问题你想过吗？想放弃的时候，往往是受到了负面情绪的困扰和影响。

（1）沮丧

想象家里干净的样子，信心满满地开始整理，认为自己一定可以很快完成。现实是东西不知道怎么分类，刚收拾好家人又弄乱了。现实和理想的差距很大，感到很沮丧，提不起干劲。

（2）焦虑

看到别人整理得那么好，可是自己无论怎么努力都做不好。就算每天都整理，好像家里一直都没有变化，还是乱，得不到自己想要的结果，不知道什么时候可以整理完。

（3）怀疑

因为扔东西跟家人发生矛盾，不知道自己做整理是对还是错。整理的过程中，家里更乱了，不知道整理有没有用。按照老师说的做，结果跟老师说的不一样，怀疑老师。

　　除了以上三种，还有其他不舒服的情绪，陷在其中，我们会不停地消耗自己，理智和情感就好像两个小人在打架，无论谁赢了，都是在消耗你自身的"电量"。减少"电量"消耗的关键是学会自洽，让自己的所作所为合理化，按照自己的节奏把家整理好。

心态上可以做的改变

　　接纳自己。有段时间我觉得别的整理收纳师做得比自己好，感到焦虑，总想着怎么做才能像她那样好。其实是两回事，她是她，我是我，如果我一直想着成为她，就会失去自己。我有自己擅长的方面，做好自己就好。别人擅长整理，收纳得又快又好，自己不擅长，只要动手就值得表扬，承认自己的局限性，允许自己暂时未整理好。别人在整理这个科目上拿 100 分，你一定也有能拿到 100 分的科目。

（1）不过度焦虑

　　焦虑是很正常的，说明你真的想把家整理好，但不要过度焦虑，太焦虑的话，你做事情的力气就会被消耗。焦虑往往来源于"我整理不好"和"不确定能不能整理好"。

　　"我整理不好"属于比较型焦虑。拿别人的成果作为对比，跟别人比较容易导致现实和理想差距大。将自己从现实中抽离出来，认清自己的状况，降低期待值，将别人的成果作为参考，同时设定自己的标准，目标合理的时候，幸福感就容易产生。

　　"不确定能不能整理好"属于完成型焦虑。想做好，又做不到，就感觉焦虑，想半途而废。看到自己已经整理好的部分，将还没整理的设定为重要事件，优先有节奏地完成。只要坚持整理，开始了就会有结束的那天。

（2）肯定自己的动机

　　有段时间感觉写不下去、想逃避的时候，我无数次想自己为什么要写书。想到跟我小侄女的一段关于写书的对话，一次次重新坐到电脑前。无论你因为何种原因整理，都可以认真思考。

①我为什么要把家整理好？

②把家整理好对我有什么意义？

③如果不做这件事，对我的生活有什么影响？

其实无论整理还是不整理都有正向的动机，坚持整理是为了让生活变得更好。目前的身心状况不适合大范围整理收纳而中途放弃，也是对自己和家人的一种保护。了解自己的动机，肯定和接受，接下来该做什么就做什么。

行为层面可以做的改变——培养整理习惯

一旦养成某种生活习惯，很难半途而废。常见的习惯，比如刷牙、洗脸，每天不思考就会去做，连放弃的念头都没有动过。培养整理习惯有以下四个阶段。

（1）蜜月期

处在兴奋和期待的状态里，兴致勃勃地开始整理，每天像打了鸡血一样，甚至熬夜整理都不觉得累。看到整理后的地方井然有序，跟自己期待的一样，欣喜若狂，觉得自己很能干，继续投入其他地方的整理中，根本停不下来。

这个阶段，通常从容易下手的地方和自己最想要整理的东西开始，容易感到开心和满足。

（2）不稳定期

容易下手和喜欢的区域整理完，接下来是不那么喜欢、相对有难度的空间，整理的进度会减缓，容易感到沮丧和焦虑。当身心都觉得不舒服的时候，身体也会出现对抗，不能支持你做好整理这件事。这个阶段有两个要点：

①设定每天的整理时间。比如这个阶段的目标是整理厨房，用每天花多久整理厨房，代替把厨房整理好，比如 10 分钟或者半小时，设定你认为比较合适的时间。

②总体完成更重要。总体目标是整理好厨房，某天没有整理也没有关系，把那天的任务放到后一天，或平摊到后续的时间里。不要因为一天没整理，就批评自己，允许自己有弹性的调整。

（3）怠倦期

进入不想整理、不想面对的部分，在前面的整理中，体力和心力已经快耗尽了。到了这个阶段，提不起干劲，想逃避。如果不面对，往往容易放弃，停止整理。为了突破这种状态，新的刺激和回想整理的初心很重要。

①新的刺激：主动调整状态，可以请亲人给予鼓励和肯定，甚至约亲朋好友到家里聚会等。

②回想整理的初心：想象你理想的生活画面，回想当初为什么想把家整理好。

（4）整合期

度过怠倦期后，后续的整理将变得轻松和简单起来，主要是维护整理的成果，调整不符合实际使用要求的收纳方式，不需要太用力地干活。

对于从别人那里学来的整理收纳知识和方法，要有意识地思考哪些适合自己，会产生更多的研究兴趣，说不定也想做整理收纳师了。将整理收纳融入生活的方方面面，甚至延伸到家居生活以外的地方，你会发现整理无处不在。

本节小结

1. 学会内外归因，让事情合理化，而非被不舒服的情绪左右，自洽能让自己身心舒适。

2. 练习看到自己好的一面，你会越来越好。

3. 将整理收纳培养成一种不用思考的习惯，生活会因此产生很多的可能性。

03 自爱，你值得用好的、贵的东西

客户 M 住在高档小区，她每晚掐着时间到楼下的菜店买打折菜，菜店不卖隔夜菜，自己家倒是天天吃隔夜菜。衣柜里都是从网络上买的便宜衣服，穿几次后不想穿了，就塞进衣柜，然后继续买。整理时将衣服全部拿出来，看着从床到地上铺满的衣服，她都惊呆了："怎么会有这么多衣服？"

跟她的衣服不同，她先生和孩子的都是品牌服装。整理的过程中，她先生的衣服基本都留了下来，孩子的衣服只处理了尺寸不合适的，她的衣服处理了 8 大袋。她告诉我，小时候家里重男轻女，好吃的、好用的都给了弟弟，弟弟做什么都是对的，自己做什么都是错的，所以一直觉得自己不够好，不配得到好的东西。就算有能力和条件，她也有意识地给先生和孩子置办更好的物品。她说不想继续过"差不多"的生活，把那些平价的衣服都处理掉，对自己再好一点。

生活里，很多人跟客户 M 一样，把好的毫不犹豫地给家人，给自己买东西却能省则省。收纳的底层逻辑是爱，包括自爱和爱家人。爱家人，很多人都做到了；爱自己，有待提升。王尔德说过一句话："爱自己是终身浪漫的开始。"

爱自己的具体做法如下：

照顾好身体

俗话说"身体是革命的本钱"。身体健康是做一切事情的基础，因此，照顾好身体应当是人生最重要的事情。

（1）吃好喝好

有三个要点：

①把厨房和冰箱整理好，给食物安排一个干净的"家"，排除因不干净带来的健康隐患。

②将过期的、腐坏的、很久没吃的食物处理掉，保留保质期有效的和未变质的食物。

③健康饮食，身体会变得轻盈，精力旺盛，体力充沛，思路也会变得清晰。

（2）睡好

睡觉是最好的养生方式。睡个好觉，第二天精气神十足。睡好甚至比吃好、喝好还重要。养成良好的睡眠习惯，需要保持睡眠环境的舒适度，卧室尽可能只用来休息和睡觉，不做其他事情。卧室不堆放杂物，保持清爽干净，定时打扫床底；使用舒服的床品，柔软亲肤的材质更容易让人放松，定期清洗更换，定期除螨虫。

（3）适当运动

运动不仅能锻炼身体，还会让人心情舒畅。在找到感兴趣的运动之前，尽量不要往家里搬大件运动器材，也不要买一堆运动用品。不要一想到运动，就马上去办健身卡。从最简单、立马就能动起来的方式开始，多尝试，找到适合自己并且容易坚持下去的运动。

注重自我仪表

环境塑造人，人是环境的产物，注重自我仪表时，会延伸到自己身处的环境。

（1）居住环境

家是最能体现自己是什么样的人的地方，注重仪表还是邋遢，一看便知。将家彻底整理一次，处理掉不适合、不和谐的物品，留下现阶段需要的、适合的物品。让家保持整洁有序，不仅会让生活变得便捷高效，还能让人有勇气面对生活里遇到的问题，保持从容淡定。

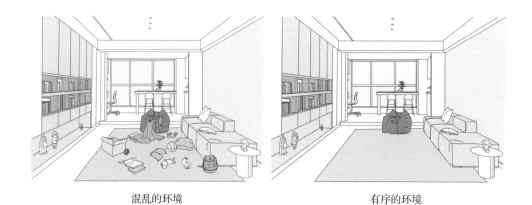

混乱的环境　　　　　　　　　　　　　　　　　　有序的环境

（2）外在形象

外在形象包括保持身材和着装得体。随着年龄的增长，我越来越"以貌取人"，对"美人"既喜欢又欣赏，那些做到长期保持身材的人，背后是极度自律和坚持。合理饮食、规律运动有利于塑形，可提升外在形象。

着装是一种无声的语言，代表着你对生活的态度和对自己的认知程度。得体、落落大方的穿搭，符合生活场景、工作场合的需求，会达到平衡、和谐，并形成自己独特的气质和风格。

（3）内在气质

外在的气质表现在穿着打扮、容颜方面，内在的气质则看不见、摸不着，但无处不在，包括但不限于性格、思维方式、阅历等。提升内在气质成本最低的方法是读书。多看经典、优质的书籍，站在巨人的肩膀上看世界，增长见识和学习新技能。家里但凡不能让你变得更好的书流通出去，或许可以帮助到别人。

除了读书，去见厉害的人，接触高质量的圈子，提升自己的认知，打开格局，让自己变"大"，问题就变小了。远离负能量和消耗你的人，他们只会让你变得焦虑和悲观。

对自己负责

敢于对自己负责的人，才能让幸福发生在细碎的生活里。

①对行为负责：家里乱了，不抱怨，不指责，积极想办法整理好；整理不好，不放弃，学方法，一次次尝试，直到达成目标。

②对选择负责：选错东西，退货或者想办法处理；丢错东西，买新的或者找到替代品，不纠结，勇敢承担后果。

③对情绪负责：看到家里乱，家人也不收拾，心情好时觉得无所谓，心情不好时会生气和焦虑，根本的原因在于，无论在什么情况下产生不舒服的情绪，都是你对当时场景的解读，根源在你的信念，与外面的人、事、物无关。所以做自己情绪的主人，学会管理情绪。

④对人生负责：当你为自己的行为、选择、情绪负责的时候，也是在为自己的人生负责。

本节小结

1.收纳的底层是爱，看到自己的需求，满足需求的收纳就是自爱的表现。

2.将爱自己落实到一日三餐、衣食住行中，在能力范围内让自己用好的、有品质的物品。

3.为自己负责是自爱的开始。

04　自信，从混乱中拿回主动权

失去主动权的时候，生活就会变得混乱。你有没有下面的经历：

①物品混乱：家里堆满东西，不分类混着放在一起，要用的时候找不到，不清楚自己有什么、需要什么。

②生活混乱：对事情的流程不熟悉，比如做饭手忙脚乱、出门丢三落四，没有生活目标，没有良好的生活习惯，每天得过且过。

③角色混乱：家里容易出现角色混乱的现象，比如妻子常常陷入母亲和竞争对手的角色，丈夫陷入父亲和儿子的角色，孩子会为了让父母关系和谐，而代入母亲或父亲的角色。

④思维混乱：做事情没有条理；遇事纠结，拿不定主意；不知道自己想要什么。

混乱会摧毁人的自信，举个例子：每次找不到东西，打开抽屉翻一下，没有；再打开第二个抽屉，还是没有；关上第二个抽屉，准备打开第三个抽屉时，脑海里弹出一个声音"这里也没有"，开始自我怀疑和否定。对收纳空间的不自信，实际上是对自己的不自信。找不到东西、犹豫纠结、得不到自己想要的，这些因为混乱导致的结果会让人越来越不自信。

从混乱中拿回主动权，让自己变得更加自信，可以从这三方面入手：

自我确定

对自己的确定越多，就越能应对外面的不确定。对自己有充分认知，有利于培养真正的自信，因此，与其跟随别人，不如关注自己。

（1）确定"我"能做

①确定能力：整理收纳这件事，我能做好吗？做这件事情有没有享受其中，不用外界的推动也能很快很好地完成？我做不好整理收纳，这是真的吗？

②确定角色：在家扮演什么角色，从 0~10 分给自己打分。得多少分？得分和没得分的原因是什么？

③确定目标：你真正想要的是什么？是家人听自己的话、按照自己的想法去扔东西，还是一家人的幸福生活？

④确定特质：平时的行为风格、待人处事的方法方式是怎样的？特长和短板是什么？

（2）确定"我"想做

我总会收到这样的留言："我对整理很感兴趣，想做整理师""家里很乱，想整理一下"。真的就是"想了"一下，之后再也没有下文了。如果真的想做，会主动克服困难，甚至不求回报。不会因为整理很累就半途而废，更多的是身体感觉累，但心里很有成就感和价值感，依然期待下一次的整理。

确定你真正想做的事情，假如你想做的是不整理，那么之后无需为整理投入过多时间和精力，不必为不整理而指责批评自己，坦然接受不整理导致的后果。花钱请整理收纳师是另一种解决方案。

设立不变的原则

混乱的本质是无知和未知，用确定的为人处事的原则，作为生活中行动的指南，这样处理事情会更稳妥，将问题变得明朗，清楚怎么做。

之前提到过三个整理原则：先规划后整理，先整理后收纳，尊重每个家庭成员的生活习惯。这是我从 7 年的整理收纳经验中总结出来的、行之有效的原则。作为整理收纳的基本指南，适用于看得见的物品、无形的电子资料和看不见的情绪、思维等的整理。

《人生十二法则》这本书里提到最重要的法则是：为自己的人生负责。这就意味着不依赖他人，遇事不推卸责任，不抱怨、不指责，积极承担责任和寻求解决办法。你也可以设立为人处事的原则，用来指导生活和工作。如果还没想好，不妨从"为自己的人生负责"开始。

开始整理收纳

之前看到这样一个故事：一个卖花的女孩卖花到很晚，剩下最后一朵花。在路上她遇到一个乞丐，把这朵花送给了他。这个乞丐回到家很开心，第一次收到别人送的花，他想着一定要好好保存。他翻箱倒柜，找到了一个落满灰的瓶子，认真清洗干净，把花插到瓶子里。看了看瓶子周围都是灰尘和杂物，跟那朵漂亮的花不搭配，于是把桌子上的东西也整理好，擦得干干净净。

这时，乞丐又觉得屋里的脏乱差和干净的桌子格格不入，忍不住开始收拾屋子，后来屋子变得前所未有的干净。转身看到镜子里的自己，胡子拉碴，头发披散，衣衫褴褛，心想：屋子这么干净，自己怎么能这么邋遢呢？他去打了一盆水，把自己清洗了一遍，穿上干净的衣服，理了头发，刮了胡子，走到镜子前，细细打量，发现自己不一样了。镜子里的人眼睛里有光，被自己精神到了。

凌乱的房间

这时他的脑海里蹦出一个想法：我不能再过这样的生活了，应该去找一份工作养活自己。第二天，他出去找了工作，凭借诚恳、不怕吃苦，很快赚到了钱。有了钱，他开始创业，几年时间后他成了小老板，生活和之前天差地别。一朵花改变了环境，从而改变了人生轨迹。

这种事情也发生在了我的身上，2014 年 6 月一个普通工作日的午休，我从朋友圈看到了有关整理的文章，于是我的人生发生了意想不到的改变，更想不到今天会用写书的方式和正在看这本书的你相遇。

整理是一道光，照亮了我，希望也能照亮你。开始整理吧，从整理自己的房间开始，从混乱中拿回自己生活的主动权！

本节小结

1. 混乱是失去主动权的结果，拿回主动权的有效办法是让混乱变得有序。

2. 增加自身对整理的确定性，有利于培养自信。

3. 从整理自己的房间开始，从混乱中拿回主动权，掌控物品，也是掌控自己人生的表现。

05 自我，用整理来唤醒

　　学员丹丹在整理房子之前工作不顺心，常常因为想搞好同事关系而感到压力大；感情也出现了危机，和男友闹分手。她想换个房子，或许这样就能开始新生活，于是对连同住着的房子一并产生了厌恶感。

　　随着整理收纳的进行，她发现自己发自内心地爱上了那个简陋的房子，将杂物房变成了日日有鲜花的公主房，再也不羡慕别人家摆着花。整理结束没多久，她找到了心仪的工作，并且认真对待，东西用完要物归原位，有始有终。她开始对生活充满激情，目标感更强，即使偶尔迷茫，但至少不会纠结，明白自己想要什么。

日日有鲜花的生活

　　丹丹说："通过整理，我了解并接纳了自己的坏习惯：爱抱怨，把不好的结果都推给外在的因素。整理之后，学会知足，也重新学习感恩。不将就地生活，你不一定可以成为某个人的公主，但绝对能成为内心丰富的女王。"她从一个工作、感情不顺的女孩子，通过整理唤醒了自己，成为自己的女王。

　　整理收纳不是目的，你可以通过整理走近理想的生活，就像学会骑自行车，它可以带你去想去的地方，看想看的风景，成为更好的自己，打开生活的更多可能性。骑自行车不是目的，去你想去的地方才是；整理不是目的，唤醒自己的内心才是。整理物品的过程是一个自我观察、自我评价的过程，从而关注和提升自己。

自我观察

如实观察自己的行为、感受和思维方式，你的行为和思维方式也会跟着发生改变。下班回家，打开门看到屋子里堆满孩子的玩具，乱七八糟，便开始观察自己。

①观察感受。一股气从丹田涌上来，头很疼，感觉快要爆炸了，觉察到自己的生气和烦躁。

②观察行为。看到家里乱，习惯性地先指责和抱怨把家里弄乱的人，事后感到后悔和愧疚吗？这样无论给自己还是家人都带来了不可避免的伤害。

③观察思维方式。看到乱的场景，你是怎么想的？是判定家人邋遢糟糕，还是觉得家人在家带孩子也很辛苦，没来得及收拾。思考的方向影响了你的情绪和行为，前者会让你生气，想指责批评，做出不理智的行为；后者有心疼和体谅，你会主动承担家务或者做出暖心的行为。

开口之前先停下来，意识到自己生气、想说话伤人的时候，停顿 1 秒、2 秒、3 秒，慢慢地，停顿的时间越来越长，不再因为自己的情绪伤害自己和家人。

自我评价

简单地说，就是你认为自己是怎样的人。如果你认为自己是邋遢、不讲究的人，在日常生活里就会关注邋遢、不讲究的地方。今天用完东西没有放回去，明天不想收拾，不停地找证据证明对自己的评价是对的。久而久之，你相信自己就是这样的人。

相反地，认为自己热爱生活的人，会习惯性地将家整理好。即使哪天家里有点乱，

173

也不会觉得自己的生活习惯和能力有问题。

消极的评价会让人越来越不自信和逃避，积极的评价才能带来源源不断的动力和向上的力量。

（1）不要给自己差评

生活里最不缺的就是"差评师"，收纳盒不好用，差评；服务不好，差评；总会有各种毛病，并找出各种差评的理由。给自己差评，不仅改变不了目前的状态，还有可能使其变得更糟。

（2）肯定自己的优点

与其挑毛病，给差评，不如找出做得好的地方，给自己好评。购物后，看到"好评返现"，你会绞尽脑汁地想用什么好词来形容，认真凑够字数。对自己也一样，每天练习，就算凑字数也要给自己好评，肯定自己的优点。

（3）正视自己的短板

每个人有优点，也有不足，不足的部分不应该成为自我批评和指责的理由。对于短板，如果是不会的，则可以学习；如果是不适合的，就果断放弃，不浪费精力。正视和承认自己的短板，才不会轻易被击垮。

自我成长

观察自己的行为、感受和思维方式，了解自己是怎样的人，在此基础上，去除旧的方式，建立新的。

（1）扩大舒适圈

每天在家里都感觉自在轻松。一旦开始整理，感觉好难，想逃避。实际上，当你把家整理好，原来的自在轻松就变成了另外一种心安理得的轻松自在。

（2）学习新技能

整理收纳是一项技能，由于想做好整理，我学会了其他技能，比如运营小红书、做课程、写 PPT、尝试写书等，未来还会解锁更多技能。整理是圆的中心，往外有不同的延伸方向。

（3）深耕自己

从物品整理延伸到深层的自我整理，学得越深，我越发现整理到最后，整理的对象是自己。现在的你是由以前的你决定的；同样地，你未来想过什么样的生活，是由现在的你决定的。深耕自己，成为自己未来的贵人。

本节小结

1. 在整理的过程中，观察自己的行为、感受和思维方式，看见是改变的开始。

2. 永远不做自己的"差评师"，每天给自己来一个"好评返现"，好评越来越多，你也会越来越好。

3. 未来的你，是由现在的你决定的。

图书在版编目（CIP）数据

减法收纳：改变人生的整理术 / 一如著. -- 南京：
江苏凤凰美术出版社, 2023.12
ISBN 978-7-5741-1305-3

Ⅰ.①减… Ⅱ.①一… Ⅲ.①家庭生活 – 基本知识
Ⅳ.①TS976.3

中国国家版本馆CIP数据核字(2023)第181188号

出 版 统 筹	王林军
策 划 编 辑	庞 冬
责 任 编 辑	孙剑博
责任设计编辑	韩 冰
特 邀 编 辑	庞 冬
装 帧 设 计	李 迎
责 任 校 对	王左佐
责 任 监 印	唐 虎

书 名	减法收纳 改变人生的整理术
著 者	一如
出版发行	江苏凤凰美术出版社(南京市湖南路1号 邮编: 210009)
总 经 销	天津凤凰空间文化传媒有限公司
印 刷	雅迪云印（天津）科技有限公司
开 本	710 mm×1 000 mm 1/16
印 张	11
版 次	2023年12月第1版 2023年12月第1次印刷
标准书号	ISBN 978-7-5741-1305-3
定 价	59.80元

营销部电话 025-68155675 营销部地址 南京市湖南路1号
江苏凤凰美术出版社图书凡印装错误可向承印厂调换